JN367211

그림으로 보는
고래의 모든 것

그림으로 보는
고래의 모든 것

켈시 오세이드 지음, 장정문 옮김

소우주

CONTENTS

들어가며 1
용어 2
해부학 4
수면 행동 6
분포 12

chapter one
진화 15
와디 알 히탄 16
초기 고래 친척들 18
바다의 거인들 20
다른 해양 포유류 22
새로운 발견과 남아있는 수수께끼 24
현대의 고래류 친척들 27

chapter two
종 29
수염고래아목 29
이빨고래아목 29
긴수염고래과 긴수염고래와 북극고래 32
꼬마긴수염고래과 꼬마긴수염고래 35
참고래과 로퀄 36
귀신고래과 귀신고래 44
참돌고래과 바다 돌고래 46
외뿔고래과 외뿔고래 60
쇠돌고래과 쇠돌고래 62
향고래과 향고래 64
꼬마향고래과 꼬마향고래 65
아시아강돌고래과 갠지스강돌고래 66
프란시스카나과 프란시스카나 67
아마존강돌고래과 아마존강돌고래 67
부리고래과 부리고래 68

chapter three
먹이 81
여과섭식 82
공기방울 그물 사냥 87
이빨고래가 먹는 방법 88
구집 90
전문 사냥 92
향고래 대 대왕오징어 94
고래 낙하물 96
작은 군락 98

chapter four
서식지 101
북극 103
산호초 105
해안선 107
오픈 오션 109
강 111
이주 113

chapter five
가족, 삶, 사회 115
짝짓기 116
임신, 출산 및 유아기 118
어린 시절 120
노래와 소리 122
종간 상호 작용 124
재미와 놀이 125
수면 126

chapter six
인간 129
신화 속 고래류 130
예술과 디자인 132
용연향 134
바다의 유니콘 135
새로운 관찰 136
포경 138
포경에서 고래 관찰까지 140
가장 취약한 종 142
그 외 취약종 144
포획된 고래류 145

결론 147

고래를 돕는 방법 148
참고 문헌 149
감사의 말 150
저자 소개 151
색인 152

수천 년 동안 고래, 돌고래, 쇠돌고래는 인간을 매료시켜 왔다. 인간과 마찬가지로 고래류cetaceans는 포유류이지만, 이들은 우리와 완전히 다른 세계에서 살고 있다. 육지에 사는 인간과 달리, 고래류는 물속에 산다. 인간은 앞뒤 좌우로만 움직이지만, 고래류는 "위"와 "아래"로도 움직일 수 있다. 그러나 고래와 인간이 다르기만 한 것은 아니다. 둘 다 공기를 들이마셔 호흡하고, 새끼를 양육하며, 가족을 이루어 생활한다.

이 책은 고래의 진화 역사와 분류 체계, 행동 습성 등을 그림을 통해 설명한다. 또한 고래와 돌고래, 쇠돌고래가 초기 포유동물에서 어떻게 진화해 오늘날 바다의 거인으로 군림하게 되었는지도 알려준다. 이 책을 읽고 나면, 여러분은 고래류가 포유류 고유의 신체적 특성을 지니고 있을 뿐만 아니라 놀라울 정도로 영리하다는 사실을 알게 될 것이다. 또한 오늘날 지구의 바다와 강을 헤엄치는 다양한 고래류 종(種)을 살펴보고, 이들의 복잡한 삶의 내면을 (아직 고래의 삶 대부분을 알지 못하지만) 엿볼 것이다. 그리고 고래와 인간이 어떻게 연결되어 있는지, 얼마나 가까운 관계인지, 하지만 슬프게도 인간은 원하는 것을 얻기 위해 고래를 어떻게 착취해 왔는지도 살펴볼 것이다.

저명한 해양생물학자 실비아 얼 박사는 이렇게 말했다. "비록 여러분이 바다를 보거나 만질 기회가 전혀 없다 하더라도, 바다는 여러분이 숨을 들이쉬고 물을 마시고 음식을 먹을 때마다 여러분을 만집니다." 육지 포유동물인 인간의 삶은 본질적으로 바다와 관련되어 있다. 인간이 지구가 줄 수 있는 것보다 더 많은 것을 빼앗아 가고 있는 오늘날, 역사적으로 중요한 이 시기에 우리는 마땅히 바다에 고마워하고 바다를 이해하려고 노력해야 한다. 세상에 존재하는 매혹적인 고래류. 지적이고, 복잡하고, 때로는 배려하지만 때로는 사나우며, 깊이 잠수하고, 멀리 이동하는 바다의 포유동물에 대해 배움으로써 우리는 인간과 바다의 상호 연관성, 그리고 바닷속 세계를 탐구할 수 있을 것이다.

용어

분류 체계상 고래목은 크게 이빨고래와 수염고래의 두 가지 범주로 나뉜다. 우리는 "고래"와 "돌고래"를 별개의 범주로 생각하는 경향이 있지만, 돌고래와 쇠돌고래는 사실 이빨고래의 일종이다.

고래, 돌고래, 쇠돌고래에 대해 연구하고 배울 때 유용한 몇 가지 용어와 표현을 살펴보자.

불bull
성체 수컷 고래류

캐프calf
새끼 고래류

카우cow
성체 암컷 고래류

포드pod
고래류 무리("스쿨school" 또는 "허드herd"라 불리기도 한다)

그레이트 웨일 The Great Whales
가장 큰 고래류를 지칭하는 용어. 여러 수염고래가 이 범주에 포함되는데, 일반적으로 북극고래, 긴수염고래, 귀신고래, 대왕고래, 참고래, 브라이드고래, 밍크고래, 혹등고래를 들 수 있다. 가장 큰 이빨고래인 향고래와 세 종의 거대한 부리고래 역시 이 비공식 범주에 넣는다.

고래
대개 몸집이 큰 고래류를 가리키며, 특히 들쇠고래, 수염고래 등과 같이 일반명에 "고래"가 포함된 종을 지칭한다.

돌고래
고래 또는 쇠돌고래로 간주되지 않는 고래류를 포함하는 비공식 범주이다.

쇠돌고래
쇠돌고래과에 속하는 고래류는 대부분의 다른 고래류보다 작다. 돌고래를 비롯한 대부분의 이빨고래가 원뿔 모양의 이빨을 가지고 있는 반면, 쇠돌고래는 삽 모양의 이빨을 지닌다.

해부학

고래는 수중 서식지에 살기 위해 자신의 신체 구조를 고도로 전문화하는 방향으로 진화했다. 지느러미와 같은 신체 구조는 다른 해양 생물에게도 있어 우리에게 친숙하지만, 분수공blowhole이나 멜론melon은 고래류에만 존재한다.

등지느러미 dorsal fin
대부분의 고래류 등에 있는 지느러미. 등지느러미가 없는 고래류도 있다.

분수공 blowhole
고래의 머리 윗부분에 있는 숨구멍으로, 다른 포유류의 콧구멍과 유사한 기관이다.

멜론 melon
일부 이빨고래의 이마 앞부분에 둥글게 튀어나와 있는 부분. 소리를 모으고 반향정위를 돕는다.

부리 beak
고래류의 턱은 앞으로 돌출되어 있다. 주둥이라고도 한다.

지느러미발 flippers
짧은 노 모양으로 생긴 두 개의 앞다리. 가슴지느러미라고도 불린다.

플루크 flukes
고래류의 꼬리는 플루크라고 불리는 두 개의 납작한 엽lobe으로 이루어져 있다.

고래류는 상어 및 다른 물고기처럼 유선형 몸통을 지니지만, 이들과 달리 꼬리는 좌우가 아닌 위아래로 움직인다

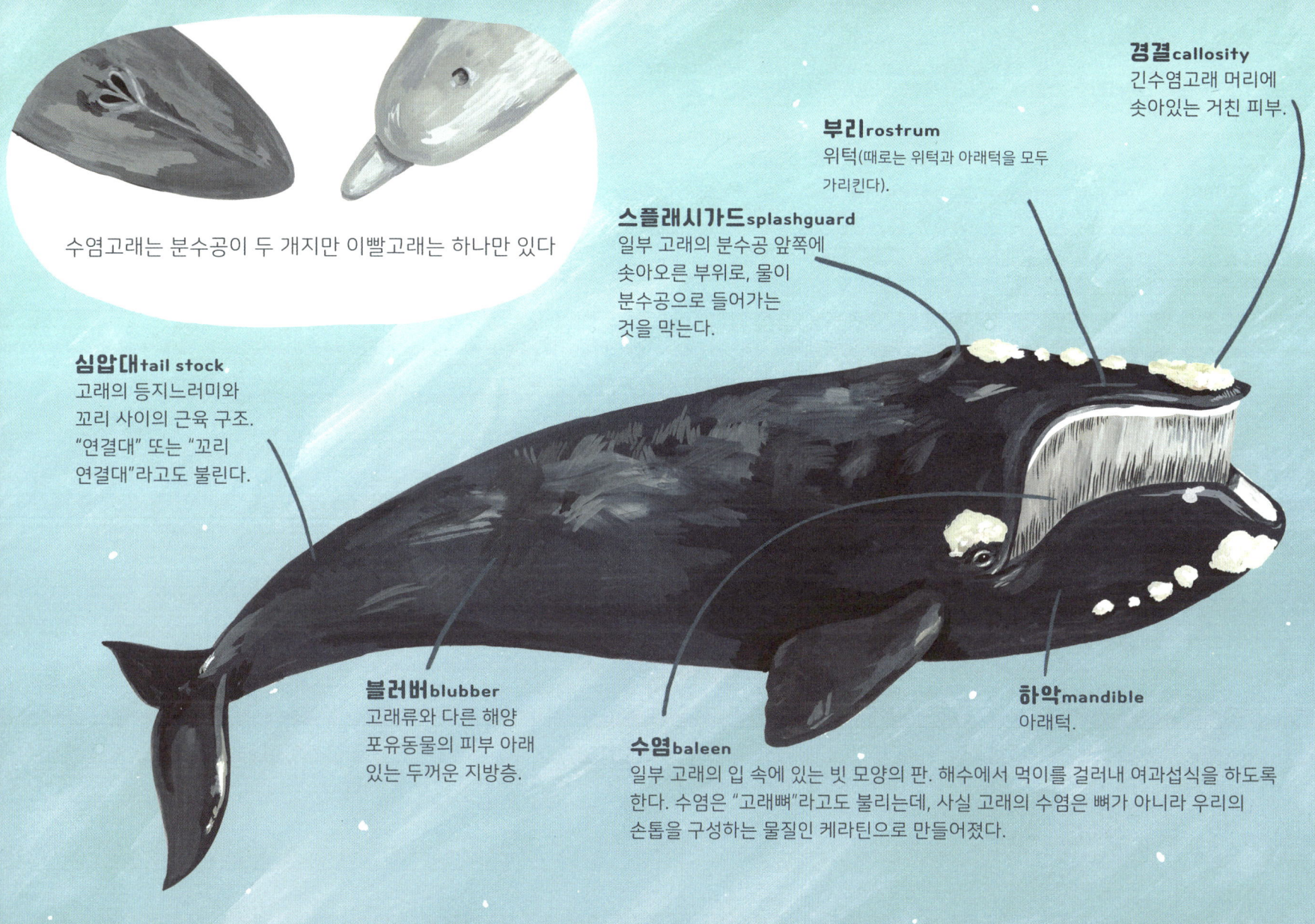

수염고래는 분수공이 두 개지만 이빨고래는 하나만 있다

경결 callosity
긴수염고래 머리에 솟아있는 거친 피부.

부리 rostrum
위턱(때로는 위턱과 아래턱을 모두 가리킨다).

스플래시가드 splashguard
일부 고래의 분수공 앞쪽에 솟아오른 부위로, 물이 분수공으로 들어가는 것을 막는다.

심압대 tail stock
고래의 등지느러미와 꼬리 사이의 근육 구조. "연결대" 또는 "꼬리 연결대"라고도 불린다.

블러버 blubber
고래류와 다른 해양 포유동물의 피부 아래 있는 두꺼운 지방층.

수염 baleen
일부 고래의 입 속에 있는 빗 모양의 판. 해수에서 먹이를 걸러내 여과섭식을 하도록 한다. 수염은 "고래뼈"라고도 불리는데, 사실 고래의 수염은 뼈가 아니라 우리의 손톱을 구성하는 물질인 케라틴으로 만들어졌다.

하악 mandible
아래턱.

수면 행동

인간이 관찰하기 가장 쉬운 고래류의 행동은 수면에서 일어나는 것들이다. 수면 행동 중 일부는 기능적 목적이 명확하다. 예를 들어 로깅은 수면에서 숨을 쉬는 동안 휴식을 취할 수 있는 방법으로 보인다. 고래류는 의사소통을 위해 꼬리로 수면을 내려치거나 물 위로 뛰어오를 수 있고, 쇠돌고래는 헤엄치면서 속도를 높이기 위해 점프를 하기도 하지만, 단순히 재미로 이러한 동작을 하는 경우도 있다.

로깅 logging
고래류가 수면에서 움직이지 않고 떠다니는 행동으로, 휴식의 일종이다.

지느러미발 수면 내려치기 flipper-slapping
지느러미발로 수면을 찰싹 때리는 행동으로, 가슴 수면 내려치기라고도 한다.

돌고래 점프 porpoising
헤엄치면서 속도를 높이기 위해 수면 위로 살짝 뛰어오르는 행동.

염탐질 spy hopping
주위를 둘러보기 위해 수면 바로 위로 머리를 내미는 행동.

배가 지나간 물결 타기 wake-riding
배 뒤에 생성되는 물결을 따라 헤엄치는 행동.

뱃머리 물결 타기 bow-riding
뱃머리에서 나오는 물결을 따라 헤엄치는 행동.

브리칭 breaching
고래가 부분적으로 또는 완전히 물 밖으로 뛰어오르는 행동(몸이 노출되는 부분이 적으면 런지 lunge 또는 서지 surge라고도 한다).

꼬리 수면 내려치기 tail-slapping
꼬리로 수면을 찰싹 때리는 행동으로, 롭테일링 lobtailng이라고도 한다.

고래의 숨기둥

고래류는 공기를 호흡하는 포유동물이기 때문에 주기적으로 수면 위로 올라와 신선한 공기를 마셔야 한다. 이때 큰 고래들은 눈에 보이는 수증기 분무인 "숨기둥blow"을 일으킨다. 종마다 매우 독특한 숨기둥을 만들기 때문에, 숨기둥의 모양이나 크기, 각도는 고래를 식별하는 데 도움이 된다. 고래는 수면 위로 올라올 때와 잠수하기 직전에 숨을 쉬므로, 숨기둥은 고래가 곧 모습을 드러내고 아마도 꼬리를 보여줄 것이라는 유용한 정보가 되기도 한다.

귀신고래는 정면에서 볼 때 V자 모양의 풍성한 숨기둥을 만든다.

북극고래의 두 분수공은 비교적 멀리 떨어져 있어서 독특한 V자 모양의 숨기둥을 만든다.

혹등고래의 숨기둥은 더 넓고 더 풍성하다.

대왕고래의 숨기둥은 10미터가 넘는 직선 기둥 모양이다

향고래의 분수공은 머리 왼쪽에 있기 때문에, 숨기둥은 앞으로 기울어진 왼쪽 방향이다.

무지개 숨기둥!
적절한 타이밍에 숨기둥에 빛이 비치면 무지개가 생기기도 한다.

꼬리치기 fluking

고래가 잠수하기 직전에 수면 위로 꼬리를 들어올리는 행동을 "꼬리치기"라 한다. 어떤 고래는 꼬리를 물 밖으로 완전히 들어올리지만 일부만 들어올리거나 물 밖으로 전혀 올리지 않는 고래도 있다. 고래는 종에 따라 꼬리의 모양이 다르기 때문에, 꼬리의 모양이나 물 밖으로 꼬리를 들어올리는 방식을 보면 종을 구별할 수 있다.

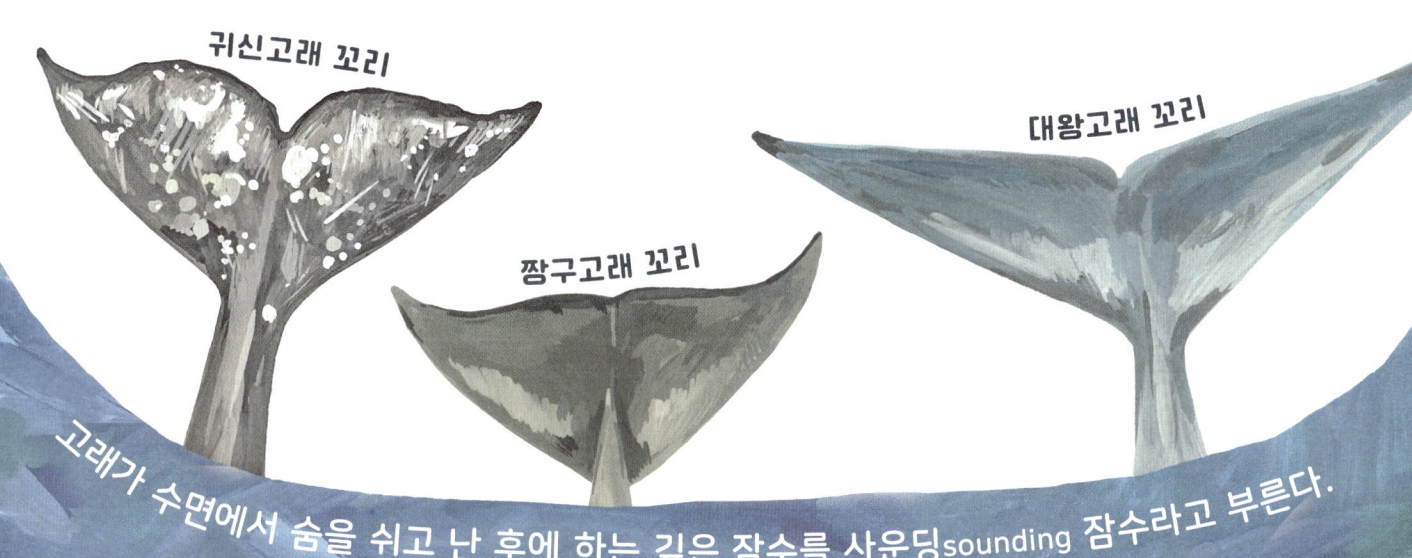

귀신고래 꼬리

짱구고래 꼬리

대왕고래 꼬리

고래가 수면에서 숨을 쉬고 난 후에 하는 깊은 잠수를 사운딩 sounding 잠수라고 부른다.

해변 문지르기

고래류가 모래나 자갈 표면에 몸을 비비기 위해 해안 가까이에서 헤엄치는 것을 해변 문지르기라고 한다. 어떤 고래류에게 이것은 사회적 행동이다. 예를 들어 북극의 흰고래는 수백 마일을 이동해 자갈이 깔린 민물 어귀에 모여들면, 해변 문지르기를 통해 오래된 피부를 벗겨내고 몸을 깨끗이 한다.

좌초

육지에 올라오는 고래, 돌고래, 쇠돌고래는 "좌초되었거나" "해변으로 쓸려 온" 녀석들이다. 미국을 포함한 일부 지역에서는 좌초된 고래, 돌고래, 쇠돌고래를 만지는 것이 불법이며, 응급 처치는 전문가에 의해 이루어져야 한다. 한편 고래가 좌초된 곳을 신성한 장소로 여기는 지역도 있다. 예를 들어 뉴질랜드의 마오리족은 고래를 신성하게 여기는데, 뉴질랜드 정부는 마오리족과 조약을 맺어 좌초된 고래의 사체 일부 및 다른 자원을 전통적인 방식으로 채취하는 것을 허용하고 있다.

이빨고래는 수염고래보다 좌초되는 경우가 훨씬 많고, 다른 종에 비해 좌초될 가능성이 유독 큰 종도 있다. 가장 많이 좌초되는 것은 돌쇠고래인데, 이들은 매우 사교적이며 무리를 지어 다니기 때문에 수백 마리의 돌쇠고래가 동시에 좌초되는 것은 드문 일이 아니다.

개별 또는 집단 좌초의 원인은 잘 알려져 있지 않지만, 날씨, 질병, 방향을 찾기 위한 자기장 사용 등 여러 요인이 관련될 수 있다.

분포

북극해와 남극해, 대서양, 인도양, 태평양을 5대양이라 부른다. 고래류는 깊은 바다에서 해안가, 극지방에서 적도에 이르기까지 모든 바다의 거의 모든 곳에서 발견된다. 다음은 여러 고래류의 분포, 즉 일반적으로 고래류가 발견되는 장소를 기술하기 위해 사용하는 몇 가지 용어이다.

극지 circumpolar
북극이나 남극 주변. 북극에서 발견되는 북극고래는 극지종에 속한다.

해안 coastal
해안 지역과 그 주변. 남아메리카 해안에서만 발견되는 버마이스터돌고래는 해안종에 속한다.

광분포 cosmopolitan
거의 전 세계에 분포되어 있다. 범고래는 광분포종의 하나다.

원양 pelagic
해안에서 멀리 떨어진 넓은 바다. 민부리고래는 원양에서 시간을 보낸다.

북극해

대서양

태평양

인도양

남극해

북부 캘리포니아만의 작은 지역에만 서식하는 바키타vaquita와 같은 몇몇 종은 분포 지역이 믿을 수 없을 정도로 좁다. 반면 놀라울 정도로 넓은 곳에 분포하는 종도 있는데, 예를 들어, 혹등고래는 수천 마일이나 떨어진 사냥 지역과 번식 지역 사이를 일생 동안 여러 번 이동한다.

chapter one

진화

현재 우리는 백악기가 끝나고 공룡이 멸종한 이후 6500만 년 동안 이어진 신생대에 살고 있다. 파충류 공룡이 지구를 지배하던 시절에도 작은 포유류가 존재하긴 했지만 아직 커다란 몸집으로 진화하지는 않았었다. 이들은 대부분 몸집이 작고 땃쥐처럼 생겼으며 상위 포식자가 아니었다. 공룡이 멸종하고 신생대가 도래하자 포유류가 군림할 수 있는 기회가 주어졌다. 우리는 흔히 초기 "포유류의 시대"를 매머드와 검치호랑이의 시대로 생각하지만, 사실 당시는 육지 포유류의 시대였을 뿐만 아니라 바다 포유류의 시대, 즉 최초의 고래가 진화하기 시작한 시기였다.

고래류는 동물계, 척삭동물문, 포유강에 속한다. 포유류인 이들은 온혈 동물이며, 살아있는 새끼를 낳고 젖을 먹여 기른다. 고래류는 지구상에서 가장 광범위하게 분포하는 포유류 집단으로, 북극권과 남극해, 그 외 전 세계의 대양과 바다, 만, 강, 지류에 서식한다.

다양한 종류의 바다 포유류 무리는 모두 초기 포유류 조상의 후손들이다. 이 공통된 조상은 한때 늑대와 비슷한 시노닉스로 여겨졌다. 고래류는 우제목에 속하는 초기 우제류에서 기원한 것으로 여겨지는데, 오늘날 기린, 사슴, 돼지와 같은 짝수 발굽 동물이 우제목에 해당한다(짝수 발가락은 세 번째와 네 번째 발가락에 체중이 균등하게 실린다는 것을 의미한다). 최초의 고래류는 5000만 년 전에 나타났다.

와디 알 히탄

와디 알 히탄(아랍어로 "고래의 계곡"이라는 뜻)은 놀라울 정도로 다양한 고고학적 화석이 있는, 이집트의 중요한 고생물학 유적지 이름이다. 지금은 사막인 이 지역은 한때 **바실로사우루스**와 **도루돈** 같은 원시 고래들이 서식하던 선사시대의 테티스해가 흐르던 곳이다.

대왕도마뱀

"대왕도마뱀"이라는 뜻의 "바실로사우루스"는 포유류가 아닌 공룡의 이름처럼 들린다. 바실로사우루스의 화석을 처음 발견한 과학자들은 이것을 파충류의 것으로 오인했다. 오늘날 우리는 이 종이 포유류 고래의 친척이라는 사실을 알고 있지만, 이들의 학명은 여전히 그대로다.

초기 고래 친척들

고래의 직계 조상은 아직 확인되지 않았지만, 이들을 고래의 초기 친척으로 볼 수 있는 몇 가지 증거가 있다. 가장 초기의 고래류 친척들은 여전히 뒷다리가 있었다(파키케투스처럼). 하지만 점차 수중 생활에 적응하면서 뒷다리는 지느러미발이 되었다(도루돈에서처럼). 고래류의 이 초기 친척을 원시고래라고 부른다.

물속에서 더 잘 들을 수 있도록 청각 체계가 진화했다.

인도히우스
고래류와 가까운 친척.

파키케투스
약 5200만 년 전에 진화했다.

물을 헤치며 걷기에 적합한 다리가 있다.

수중 생활에 더욱 적응해 외이(바깥귀)가 없는 완전한 내부 청각계를 갖추었다.

암불로케투스
"걷는 고래"라는 뜻.

약 4800만 년 전에 진화했다.

바다의 거인들

현대의 고래류는 왜, 그리고 어떻게 그렇게 엄청난 크기로 성장했을까? 오늘날 가장 큰 고래류인 대왕고래는 지구상에서 가장 큰 동물이며, 지구에 존재했던 어떤 동물보다 큰 것으로 여겨진다. 몸무게가 최대 173톤에 달하는 이 고래는 우리가 알고 있는 어떤 공룡보다도 크다. 다른 거대 고래 역시 대왕고래보다는 작지만 가장 큰 공룡과 크기가 비슷하다.

현존하는 육지 포유류 중 가장 큰 동물은 아프리카코끼리이다. 오늘날 바다를 헤엄치는 동물 중 고래를 제외하고 가장 큰 종은 고래상어인데, 이들은 여과섭식을 하는 연골어류로, 몸길이가 최대 12.5미터에 이른다. 하지만 대왕고래는 고래상어보다 두 배 이상 더 크다.

대왕고래
최대 길이 30m

쇼니사우르스(멸종)
최대 길이 15m

고래상어
최대 길이 12.5m

향고래
최대 길이 20.5m

다른 해양 포유류

해양 동물은 바다와 해안 어귀에 산다.
고래류는 일반적으로 해양 포유류로 간주되지만,
민물에 사는 종도 있다. 수중 생활에 적응한 포유류로는
고래류 외에도 기각류, 해우류, 해달, 북극곰 등이 있다.

**물에 사는 모든
포유류는 육지에 살았던
포유류에서 진화했다**

해우류

해우 3종과 듀공 등 4종이 있다.

이 둥그런 초식동물과 가장 가까운 친척은 놀랍게도
코끼리, 그리고 바위너구리라 불리는 작은 털복숭이
포유류이다.

이들은 둥근 몸통이 뒤로 갈수록 가늘어지는데,
이는 헤엄칠 때 몸이 끌리지 않게 하기 위해서다.

해달

Enhydra lutris

수달, 오소리, 족제비, 밍크 등과 함께
족제빗과에 속한다. 그러나 다른
족제빗과 종과 다르게, 해달은 수중
생활에 완벽하게 적응했다.

해달은 포유류 중에서 털이 가장 두꺼운데,
이는 차가운 물속에서 몸을 보호하는 역할을 한다.

북극곰

Ursus maritimus

해달과 마찬가지로 북극곰 역시 비해양 동물인 곰과에 속한다. 이들은 곰 중에서는 독특하게 바닷속과 바다 주변에서의 생활에 적응했다.

북극곰의 커다란 발에는 물갈퀴가 있어서 헤엄을 치고 얇은 극지방의 얼음 위를 걷는 데 도움이 된다.

고래류와 마찬가지로, 기각류, 해우류, 수달 모두 허리를 굽혔다 펴면서 헤엄을 친다

기각류

물개, 잔점박이물범, 코끼리물범, 바다사자, 바다코끼리 등을 포함해 33종이 있다.

기각류는 개, 고양이, 곰, 그리고 다른 육식 동물의 친척으로, 대부분 북극과 남극의 차가운 바다에서 생활한다.

이들은 블러버가 있는데, 블러버는 물에서 따뜻하게 지낼 수 있도록 도와주고 에너지 저장소의 역할을 한다.

새로운 발견과 남아있는 수수께끼

우리는 계속해서 고래류의 분류 체계와 진화 역사에 대한 새로운 지식을 배우고 있다. 멀리 떨어진 심해에서 서식하는 부리고래는 수년 동안 과학자들에게 수수께끼 같은 존재였다. 야생에서 명확하게 확인되지 않은 종도 있고, 해변으로 밀려와 좌초된 사체로만 알려진 종도 있다. 지속적으로 새로운 종이 확인되고 있지만, 아직까지 부리고래에 대해서는 알려진 바가 많지 않다.

계속해서 고래류를 연구하고 기술이 발전함에 따라, 더 많은 종이 발견될 것이라는 데에는 의심의 여지가 없다. 바닷속 깊은 곳을 헤엄치는 미지의 종을 상상하는 것은 흥분되는 일이다. 어쩌면 고래류의 진화 역사에서 아직 발견되지 않은 연결고리가 있을 가능성도 있다!

꼬마긴수염고래의 신비

좀처럼 모습을 드러내지 않는 꼬마긴수염고래 역시 신비로운 종이다.
이 고래는 다른 긴수염고래와 이름의 일부를 공유하지만, 이들과 매우
다른 특징을 지니며 진화적 기원은 아직 정확히 밝혀지지 않았다.
2012년의 한 연구에서는 꼬마긴수염고래가 오랫동안 멸종된 것으로
여겨진 케토테리움과의 마지막 살아있는 종이라고 주장했다.

역사를 밝히는 해부 구조

겉모습만 보면, 매끄러운 노처럼 생긴 고래류의 지느러미발은 해양 포유류의 생활에 딱 맞는 것처럼 보인다. 하지만 내부에 있는 지느러미발의 뼈는 진화 역사를 드러낸다. 초기 포유류 조상으로부터 물려받은 발가락 뼈가 있기 때문이다.

현대의 고래류 친척들

오늘날, 고래류는 짝수 발굽을 지닌 유제류인 우제목의 일부로 분류된다. 고래류는 발굽이 없지만, 현대의 우제류와 같은 조상으로부터 진화했고 다리뼈의 흔적이 있다. 이는 살아있는 고래나 돌고래에서 겉으로 드러나지 않지만 골격에서는 볼 수 있다. 우제목 중 반수생 동물인 하마는 현존하는 동물 중에서 고래류와 가장 가까운 친척으로 여겨진다.

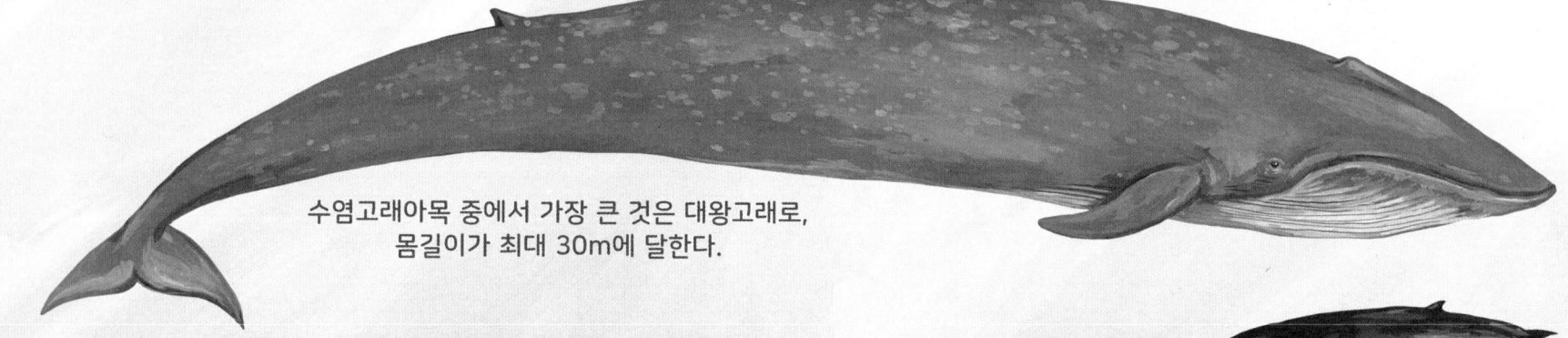

수염고래아목 중에서 가장 큰 것은 대왕고래로, 몸길이가 최대 30m에 달한다.

가장 작은 것은 꼬마긴수염고래인데, 몸길이는 대개 5.5~6.5m이다.

이빨고래아목 중에서 가장 큰 것은 향고래로, 몸길이가 최대 18m이다.

가장 작은 것은 바키타로, 몸길이는 1.5m 정도이다.

종의 분류 방식은 가변적이며, 이는 특히 유전 공학이 발전함에 따라 더욱 그러하다. 이 장은 고래류에 대한 절대적인 분류 체계라기보다는 고래류로 간주되는 종들 대부분에 대한 전반적인 개요이다.

chapter two

종

현대의 고래류는 크게 두 부류로 나뉜다.
수염고래와 이빨고래다.

수염고래아목

이 부류에는 긴수염고래, 귀신고래, 로퀄이 포함된다. 모든 수염고래는 입과 연결된 특별 맞춤형 구조인 수염이 있는데, 이를 통해 바닷물을 걸러내고 입안에 먹이를 가둔다.

많은 수염고래종이 인간의 대규모 포획에 위협을 받았다. 사람들은 고래의 블러버는 에너지 공급원으로, 수염은 다양한 상품을 제작하는 데 이용했다. 보전 활동 덕분에 오늘날 몇몇 종은 개체 수를 회복했지만, 북방긴수염고래를 비롯한 여러 종이 여전히 멸종 위기에 처해 있다.

이빨고래아목

수염고래와 달리 이빨이 있으며, 수염고래보다 큰 먹이를 먹는다. 이들은 "반향정위"라고 불리는 특별한 기능을 지니는데, 이는 이빨고래가 소리를 이용해 먹잇감을 사냥하고 의사소통하도록 해 준다.

쇠돌고래도 이빨고래에 속하며, 참돌고래과의 몇몇 이빨고래종은 작은 수염고래와 몸집이 비슷하거나 더 크다. 수염고래와 마찬가지로 이빨고래 역시 인간의 사냥 위협에 직면해 왔다.

이빨

수염

긴수염고래과 긴수염고래와 북극고래

모든 동물 중에서도 가장 몸집이 큰 편인 북극고래는 활 모양의 두개골에서 이름(bowhead)이 유래했다. 긴수염고래과에 속한 다른 세 종 역시 굴곡이 심한 아치형 위턱을 지닌다. 이들은 모두 등지느러미가 없으며, 모든 종 중에서 가장 긴 수염을 이용해 걷어먹기를 한다. 이들은 엄청난 양의 블러버와 상품성 높은 수염 때문에 오늘날 현대 포경 산업의 주요 표적이 되었으며, 이로 인해 많은 긴수염고래과 개체군이 멸종 위기에 놓여 있다.

구부러진 활 모양의 두개골에서 이름이 유래

모든 포유류 종 중에서 수명이 가장 길다. 200년 이상 살 수 있다

북극고래 *Balaena mysticetus*

남방긴수염고래 *Eubalaena australis*

경결의 형태는 개체에 따라 다르다

입의 양쪽에 200~270개의 수염판이 존재한다

모든 종 중에서 체지방이 가장 두껍다. 북극고래의 블러버는 두께가 50cm에 달한다.

긴수염고래과 긴수염고래와 북극고래
계속

거대한 머리는 전체 몸길이의 3분의 1을 차지한다

북방긴수염고래
Eubalaena japonica

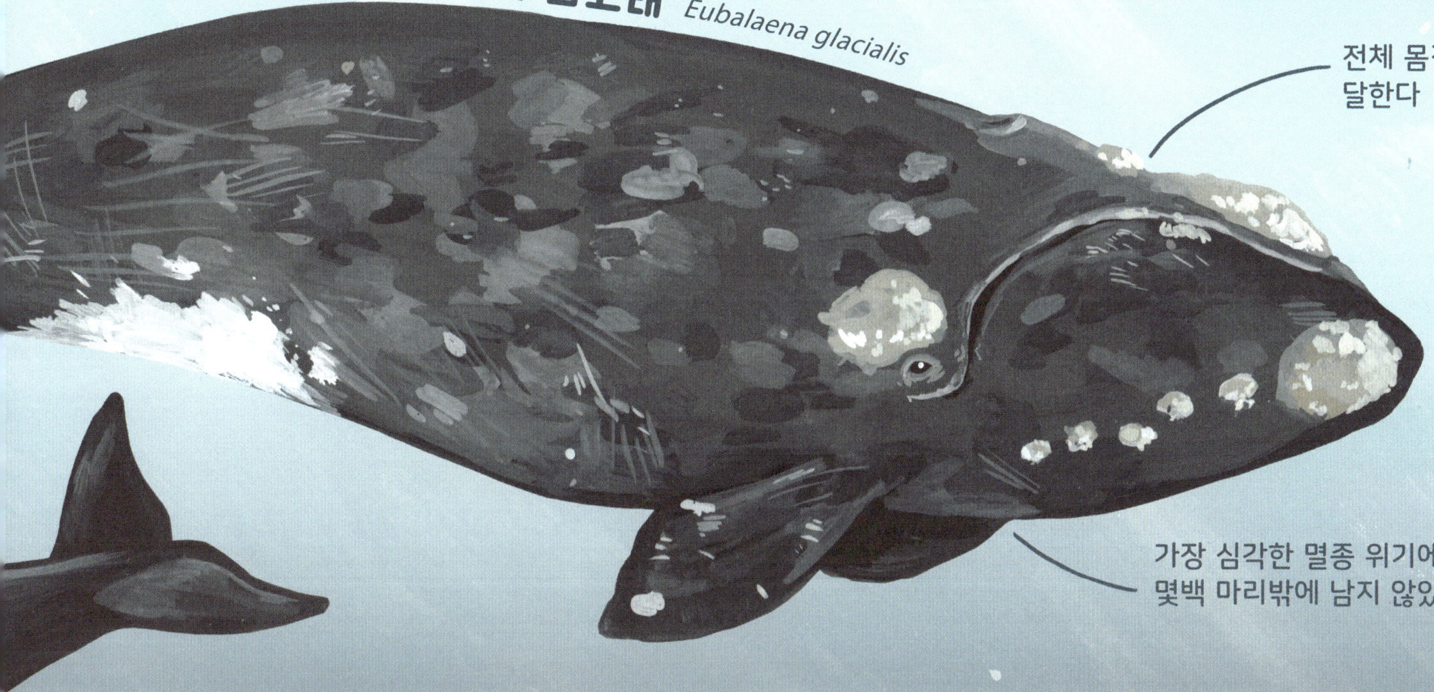

북대서양긴수염고래 *Eubalaena glacialis*

― 전체 몸길이는 최대 18m에 달한다

― 가장 심각한 멸종 위기에 처한 종으로, 몇백 마리밖에 남지 않았다

꼬마긴수염고래 *Caperea marginata*

꼬마긴수염고래과
꼬마긴수염고래

긴수염고래와 몇 가지 외관상 특징을 공유하기 때문에 이러한 이름을 얻었지만, 과학자들에게는 오랫동안 수수께끼와 같은 존재였다. 최근 연구에 따르면, 이들은 사실 수백만 년 전 플라이오세 때 멸종된 것으로 간주되었던 케토테리움속의 마지막 살아있는 종이라고 한다.

참고래과 로퀄

참고래과의 고래는 로퀄 고래라고도 불린다. 로퀄은 특이하게 생긴 목주름이 있는데, 이것은 목구멍을 넓혀 입안에 엄청난 양의 물을 들이켠 다음 수염을 통해 물은 입 밖으로 걸러내고 입안에 먹이를 가두는 역할을 한다. 대왕고래는 한 번에 9000kg의 먹이와 물을 들이켤 수 있다. 여러 로퀄 종이 포경 산업으로 희생되었는데, 포경 금지 및 기타 보전 활동 덕분에 대왕고래, 혹등고래 등 일부 종은 개체 수를 대부분 회복했지만, 보리고래를 비롯한 여러 종은 여전히 멸종 위기에 처해 있다.

대왕고래 *Balaenoptera musculus*

두 번째로 큰 고래종

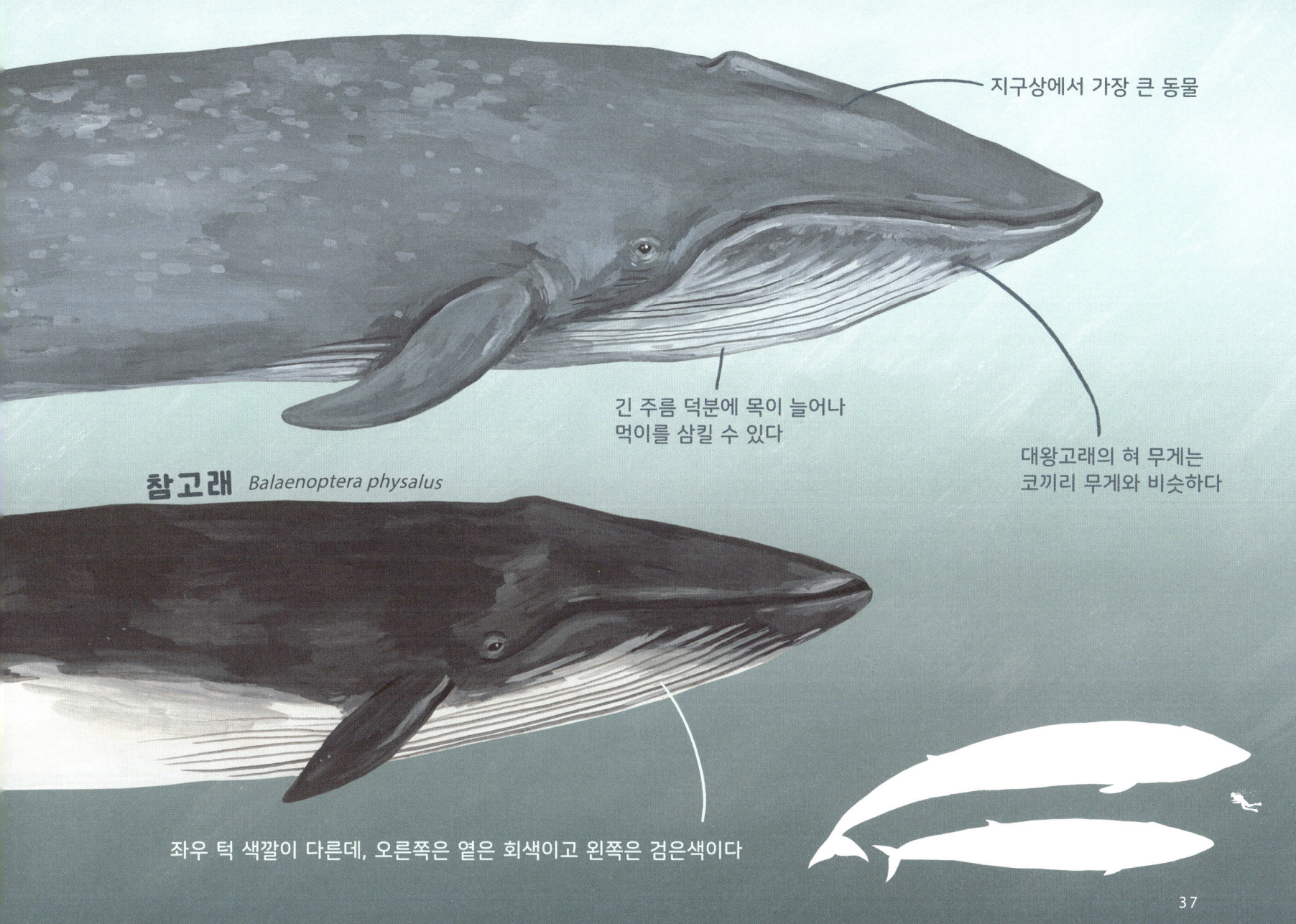

참고래과 로퀄
계속

세련된 외양과 우아하게 헤엄치는 모습으로 유명하다

가장 작은 로퀄

밍크고래
Balaenoptera acutorostrata

"밍키"로 발음

지느러미발에 독특한 흰색 띠가 있다

보리고래 *Balaenoptera borealis*

남극밍크고래 *Balaenoptera bonaerensis*

밍크고래보다 약간 더 크다

참고래과 로컬
계속

"브루더스"로 발음

브라이드고래 Balaenoptera brydei

주둥이에 세 개의 독특한 선이 있어 식별이 용이하다

성체는 최대 15.5m까지 자랄 수 있다

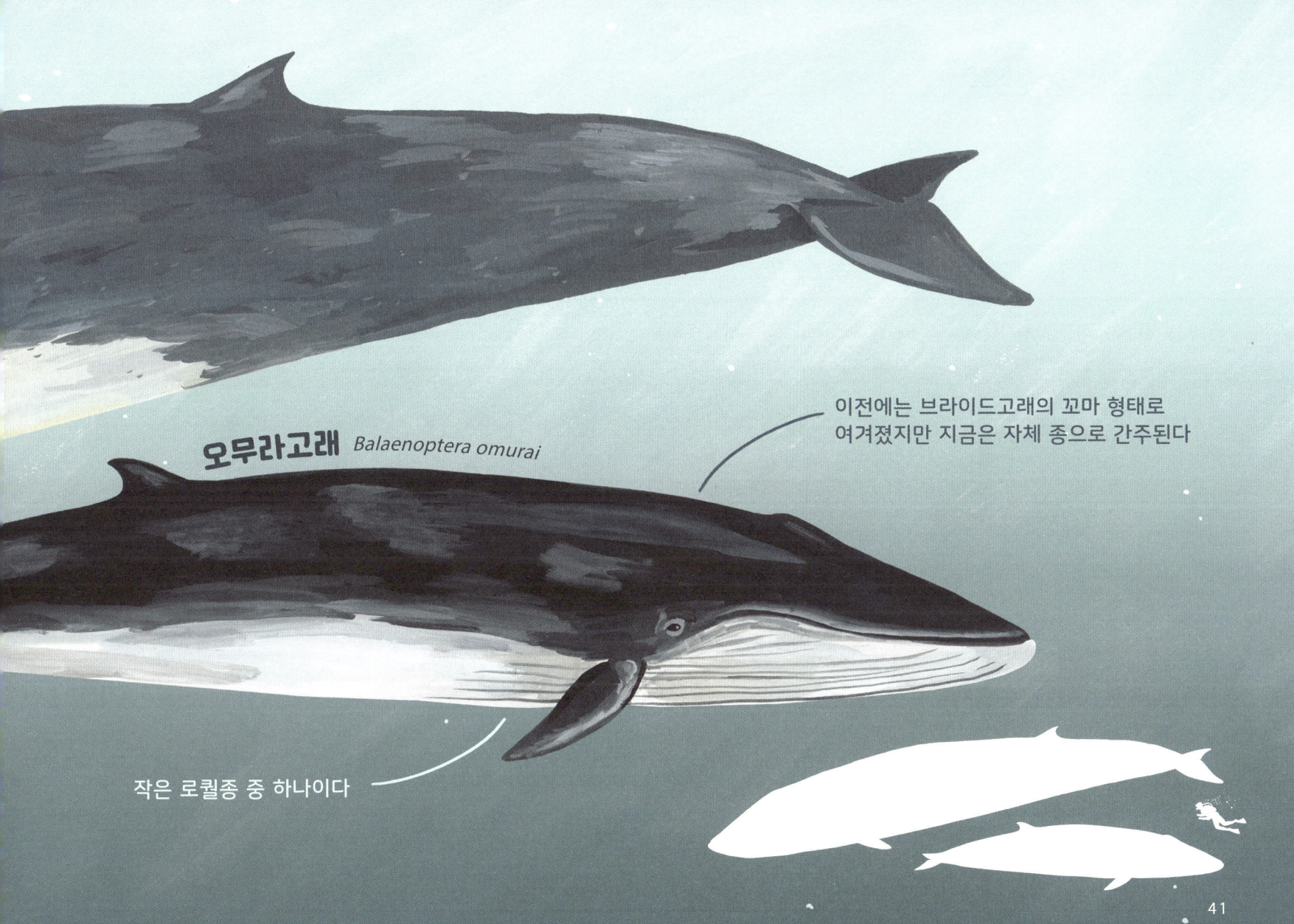

오무라고래 *Balaenoptera omurai*

이전에는 브라이드고래의 꼬마 형태로 여겨졌지만 지금은 자체 종으로 간주된다

작은 로퀄종 중 하나이다

참고래과 로퀄
계속

다른 로퀄은 모두 참고래속에 포함되지만, 혹등고래는 유일하게 혹등고래속에 속한다. 덩치가 큰 고래 중에서 가장 활기차고 역동적으로 여겨지는 이 고래는 수면 위로 뛰어오르기, 브리칭, 지느러미발 수면 내려치기, 꼬리 수면 내려치기로 유명하다. 이들은 가장 먼 거리를 이동하는 포유류 중 하나로, 짝짓기를 하는 지역과 먹이를 구하는 지역 간에 왕복 1만 6000km 이상을 헤엄친다. 독특하게 생긴 지느러미발은 모든 고래류 중에서 몸통 대비 크기가 가장 크다.

등지느러미 앞에 있는 혹에서 이름을 땄다

혹등고래 *Megaptera novaeangliae*

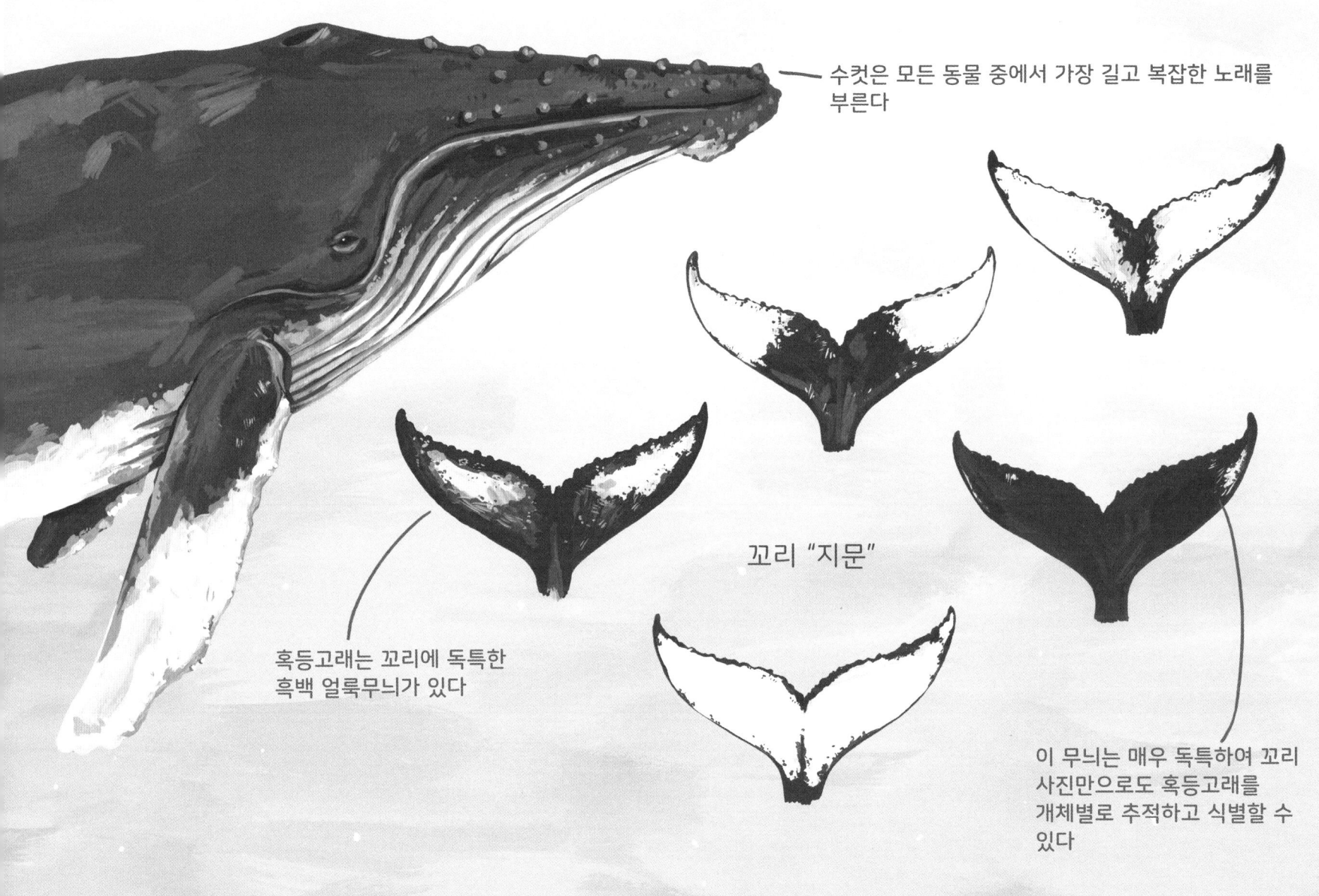

수컷은 모든 동물 중에서 가장 길고 복잡한 노래를 부른다

꼬리 "지문"

혹등고래는 꼬리에 독특한 흑백 얼룩무늬가 있다

이 무늬는 매우 독특하여 꼬리 사진만으로도 혹등고래를 개체별로 추적하고 식별할 수 있다

귀신고래과 귀신고래

귀신고래과에 속하는 유일한 종이다. 이들은 수염고래 중에서 수염이 가장 짧으며, 해저에서 빨아들이는 침전물을 걸러내는 데 이 수염을 사용한다. 귀신고래의 이동 거리는 혹등고래와 맞먹는다. 즉, 번식지에서 먹잇감이 있는 곳으로 1만 9000km 이상을 이동한다. 오래 전부터 귀신고래는 "데블피시devilfish"라고도 불렸는데, 이는 어미가 새끼를 극도로 보호하고 포경선이 가까이 오면 배를 맹렬히 공격하며 새끼를 방어하기 때문이다. 보호 조치가 시행되고 포경이 감소하면서 귀신고래는 다시 인간을 신뢰하기 시작했고, 지금은 인간에게 친근하고 관심을 갖는 것으로 알려져 있다.

귀신고래 *Eschrichtius robustus*

오른쪽으로 먹이를 먹기 때문에 오른쪽 수염이 더 많이 닳는다

참돌고래과 바다 돌고래

전 세계 바다에는 참돌고래과에 속하는 약 30종의 고래가 있다. 이들은 대부분의 고래보다 크기가 작지만, 범고래처럼 큰 종도 있다. 대부분의 참돌고래과는 등지느러미가 있는데, 지느러미의 모양은 길고 뾰족한 것부터 짧고 둥글거나 갈고리 모양까지 종에 따라 다르다. 어떤 종은 부리가 독특하지만, 짧고 평범한 부리를 가진 종도 있다. 많은 종이 커다란 무리를 이루며 산다.

짧은부리참돌고래 — *Delphinus delphis*

긴부리참돌고래 — *Delphinus capensis*

참돌고래과 바다 돌고래
계속

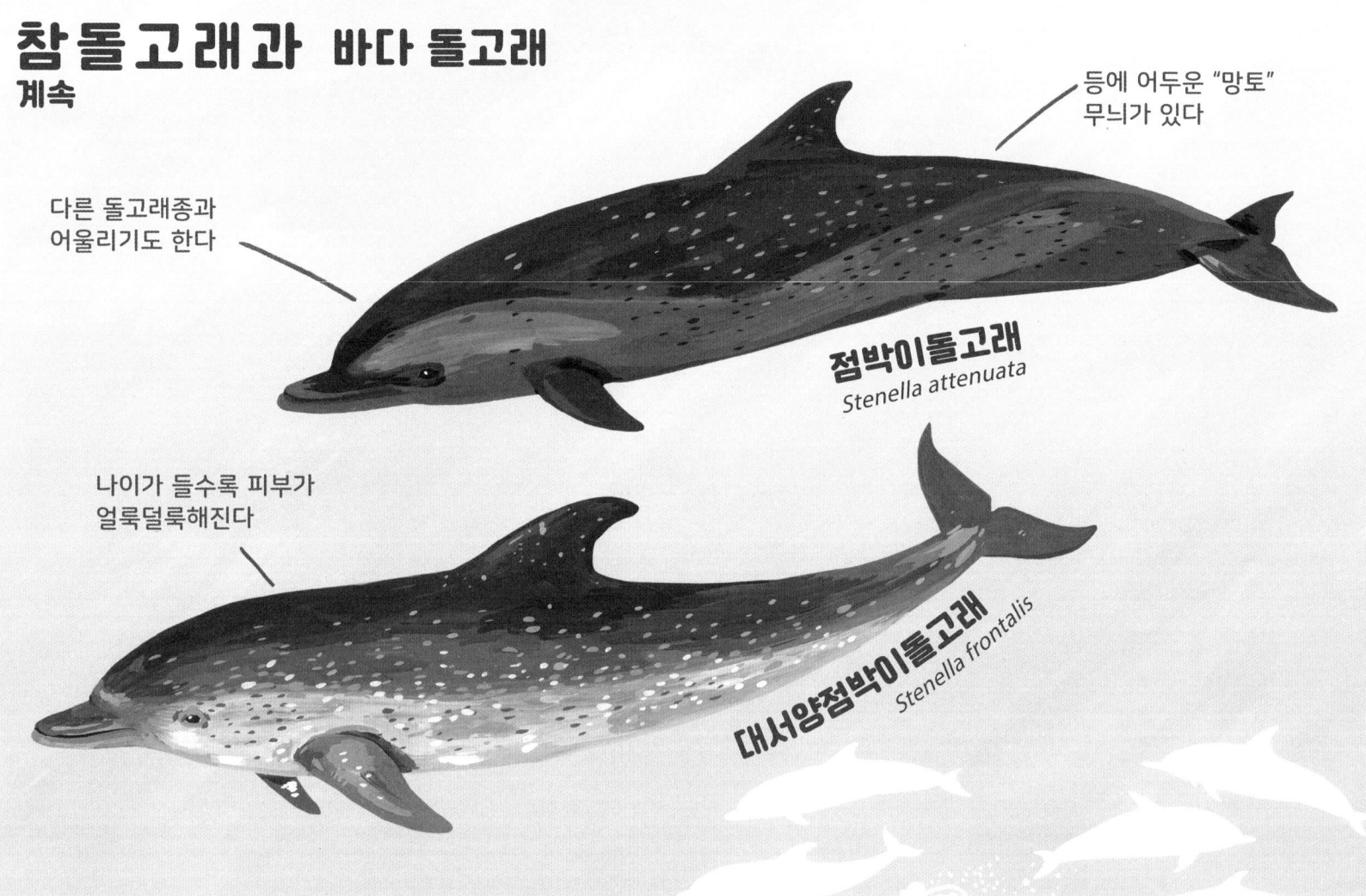

등에 어두운 "망토" 무늬가 있다

다른 돌고래종과 어울리기도 한다

점박이돌고래
Stenella attenuata

나이가 들수록 피부가 얼룩덜룩해진다

대서양점박이돌고래
Stenella frontalis

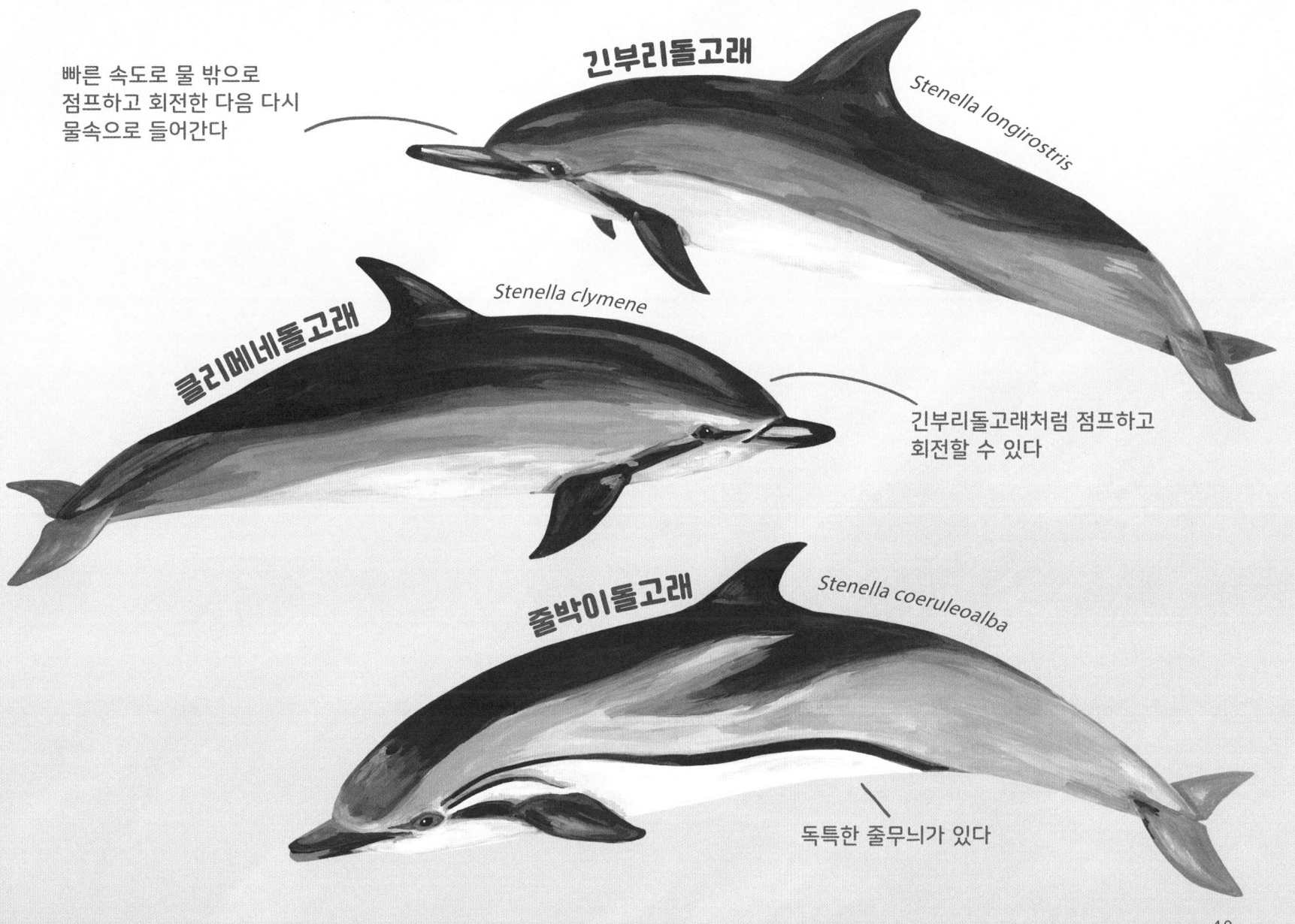

참돌고래과 바다 돌고래
계속

큰돌고래

Tursiops truncatus

다른 해양 생물종과 교류하는 것으로 알려져 있다

수면 위로 뛰어오르고, 배가 지나간 물결을 타고, 브리칭을 한다

남방큰돌고래

Tursiops aduncus

50

남방고추돌고래 *Lissodelphis peronii*

등지느러미가 없다

뱀장어 같은 유선형 몸통

고추돌고래 *Lissodelphis borealis*

눈 주위의 어두운 부분은 "강도 마스크"라 불린다

샛돌고래 *Lagenodelphis hosei*

참돌고래과 바다 돌고래
계속

뚜렷한 부리가 없는 원뿔형 머리

커머슨돌고래

Cephalorhynchus commersonii

물속에서 회전하고, 뱃머리 물결 또는 배가 지나간 물결을 타는 것으로 잘 알려진 곡예 수영 선수이다

칠레돌고래

Cephalorhynchus eutropia

검은돌고래라고도 불린다

헤비사이드돌고래

Cephalorhynchus heavisidii

큰머리돌고래, 고추돌고래와 함께 살기도 한다

남서아프리카 연안 해역에서 발견된다

헥터돌고래

Cephalorhynchus hectori

바다 돌고래 중에서 가장 작다

참돌고래과 바다 돌고래
계속

특히 곡예를 잘 하는 종으로,
물 밖으로 점프한 다음 다시 입수하기
전에 공중제비 하는 것을 즐긴다

더스키돌고래 — Lagenorhynchus obscurus

낫돌고래 — Lagenorhynchus obliquidens

최대 2000마리가 무리를 짓기도 한다

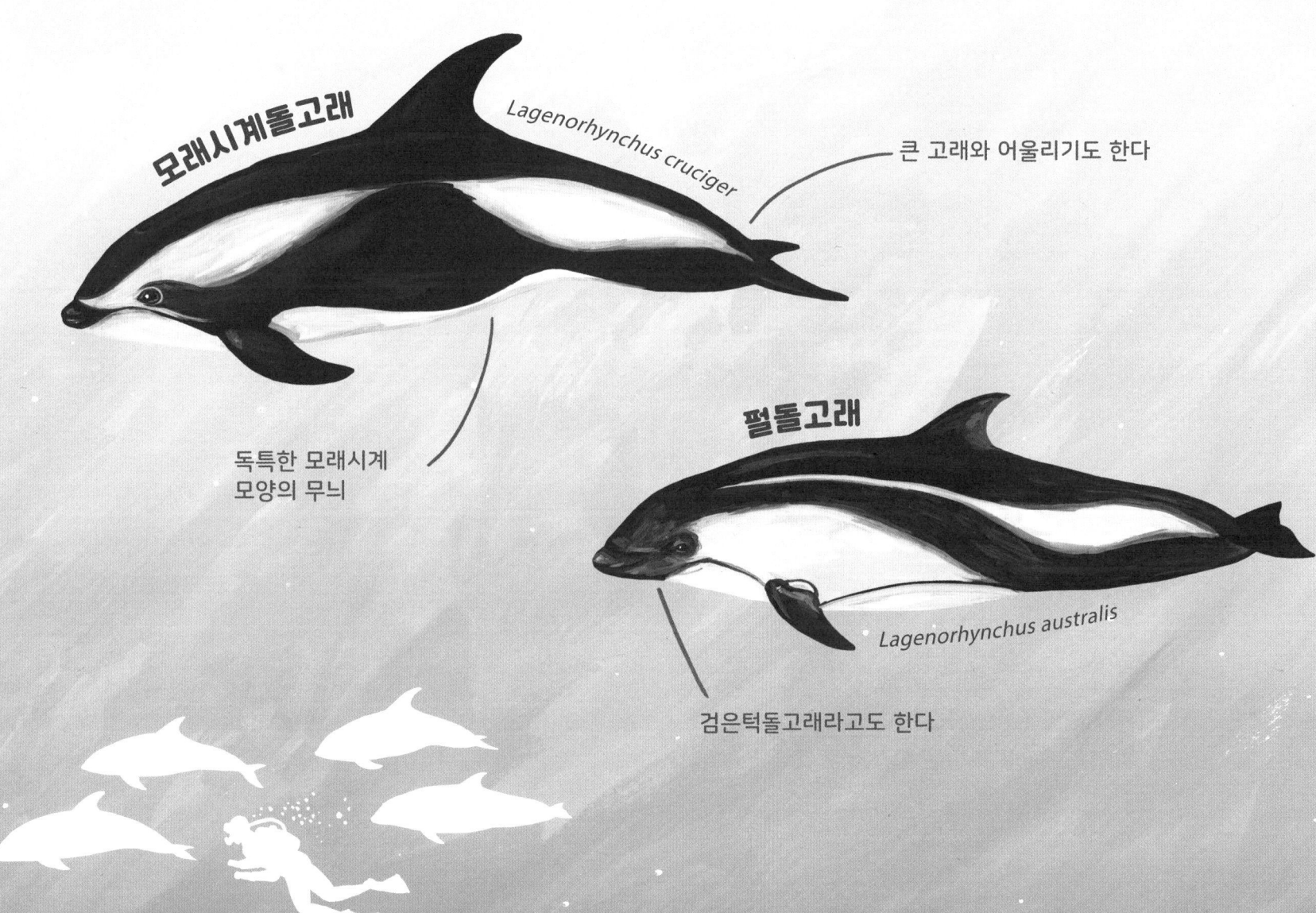

참돌고래과 바다 돌고래
계속

흑범고래 *Pseudorca crassidens*

구부러진 것처럼 보이는 짧은 지느러미발

긴지느러미들쇠고래 *Globicephala melas*

이 짙은 색 돌고래들은 범고래와 함께 검은고래라고도 불린다

집단 좌초 가능성이 가장 큰 종

참돌고래과 바다 돌고래
계속

피부에 다른 큰머리돌고래에 의해 생긴 심한 흉터가 있다

큰머리돌고래

그람푸스라고도 한다

Grampus griseus

이라와디돌고래

Orcaella brevirostris

범고래와 가까운 친척이지만 겉모습은 매우 다르다

흰부리돌고래

Lagenorhynchus albirostris

대서양낫돌고래

Lagenorhynchus acutus

이름과 달리 흰색에서 짙은 회색까지 부리 색이 다양하다

다른 돌고래나 고래와 함께 시간을 보내는 모습을 자주 볼 수 있다

58

범고래 *Orcinus orca*

특히 수컷과 나이든 고래는 등지느러미가 길다

바다 돌고래 중에서 가장 큰 종

오르카라고도 한다

무리를 지어 사냥하는 경향이 있어서 "바다의 늑대"로 불리기도 한다

외뿔고래과 외뿔고래

외뿔고래라는 명칭은 수컷 외뿔고래에게 있는 단수 엄니에서 유래했다. 두 종 모두 북극에서만 서식하며, 해빙 안팎에서 시간을 보낸다. 흰고래는 어두운 색으로 태어나지만 나이가 들면서 특유의 순백색으로 변한다.

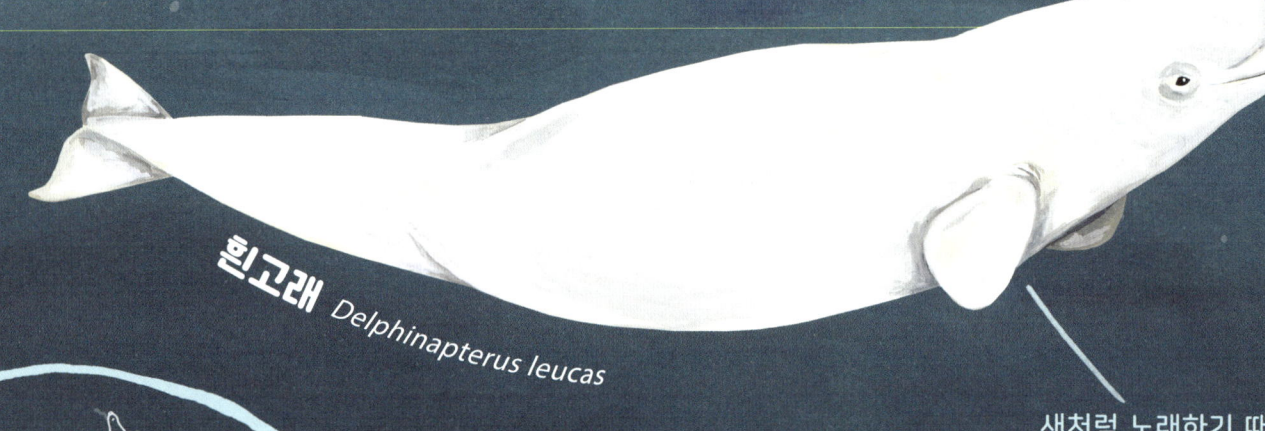

기쁨을 표현하기 위해 휘파람을 불기도 한다

흰고래 *Delphinapterus leucas*

새처럼 노래하기 때문에 "바다의 카나리아"라고도 불린다

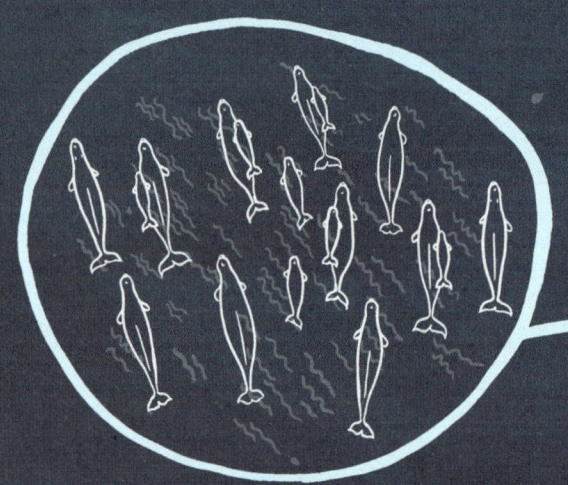

거대한 흰고래 무리는 얕은 물에 모여 해변 문지르기를 통해 "각질을 제거"하는 것으로 알려져 있다!

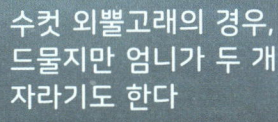

수컷 외뿔고래의 경우, 드물지만 엄니가 두 개 자라기도 한다

외뿔고래의 윗입술에는 새끼처럼 꼬인 기다란 엄니가 튀어나와 있다. 엄니는 뿔처럼 보이지만, 사실 이빨과 같은 상아질로 되어 있다. 암컷은 대부분 엄니가 없고, 드물지만 엄니가 두 개인 수컷도 있다. 중세 유럽인들은 무역상에게서 구한 외뿔고래 엄니를 유니콘의 뿔이라고 믿었다. 그러나 북극 사람들은 엄니가 실제로 어디에서 온 건지 알고 있었으며, 오늘날까지도 고래 사냥 전통을 유지하고 있다.

외뿔고래 *Monodon monoceros*

특이하게도 꼬리의 끝부분이 볼록하다

"바다의 유니콘"이라는 별명을 지닌다

쇠돌고래과 쇠돌고래

쇠돌고래는 "mereswine"이라고도 불리는데, 이는 "바다 돼지"라는 뜻이다! 경멸적으로 들릴 수도 있지만 사실 이것은 매우 적절한 용어다. 고래류와 마찬가지로, 돼지 역시 가장 영리한 포유류로 분류되기 때문이다. 쇠돌고래는 수줍음이 많고, 일반적으로 돌고래보다 소규모의 가족 집단을 이루며 산다. 쇠돌고래과에 속하는 모든 종은 납작한 부채 또는 삽 모양의 이빨을 지닌 "부채이빨" 고래류이다(반면, 돌고래의 이빨은 뾰족하고 원추형이다).

뒤쪽에 독특한 각도의 등지느러미가 있다

버마이스터돌고래

Phocoena spinipinnis

고래류 중에서 가장 작고 가장 희귀한 종

바키타

Phocoena sinus

눈 주변의 독특한 무늬로 인해 "바다의 판다"라는 별명이 붙었다

까치돌고래

Phocoenoides dalli

쇠돌고래 중에서 가장 빠르며, 작은 고래 중에서도 가장 빠르다!

거대한 사각형 모양의 머리

향고래 *Physeter macrocephalus*

향고래는 지구상에서 뇌가 가장 큰 동물이다

현재 전 세계에서 이빨이 있는 가장 큰 포식자이며, 역대 가장 큰 포식자 중 하나다

향고래과 향고래

향고래라는 명칭은 향고래와 꼬마향고래, 쇠향고래에 있는 고유한 경뇌유(경랍) 기관에서 유래했다. 이 기관에는 음향 신호를 내고 부력을 조절하는 데 사용할 수 있는 왁스 같은 액체가 들어 있다. 향고래는 매우 사교적이며, 어미가 먹이를 찾기 위해 깊이 잠수하면 다른 암컷들이 새끼를 돌보는 것으로 알려져 있다. 이빨고래 중에서 가장 큰 향고래는 현대 포경 산업의 주요 표적이었으며, 여전히 멸종에 취약한 종으로 분류된다.

꼬마향고래과 꼬마향고래

향고래와 마찬가지로 꼬마향고래 역시 머리 왼쪽에 비스듬히 놓인 분수공이 하나 있다. 두 작은 종(꼬마향고래, 쇠향고래)은 한때 알려진 것만큼 향고래와 밀접하게 관련되어 있지 않지만, 세 종 모두 넓은 바다의 깊은 물을 선호하며, 머리가 뭉툭하고 아래턱이 아래로 내려앉았으며 지느러미는 노와 비슷한 모양이다. 꼬마향고래와 쇠향고래는 몸집과 형태, 그리고 "거짓 아가미"(눈 뒤쪽에 있는, 물고기 아가미처럼 보이는 흰색 무늬) 때문에 상어로 오인되기도 한다. 이 두 종은 독특하고 기이한 방어 메커니즘을 가지고 있다. 즉, 소장에서 짙은 갈색 액체를 배출해 물을 흐리게 하고 포식자를 혼란스럽게 하는 것이다.

주름진 피부

쇠향고래 *Kogia sima*

향고래의 둥근 혹과 달리 뾰족한 등지느러미

거짓 아가미 무늬

꼬마향고래 *Kogia breviceps*

아시아강돌고래과 갠지스강돌고래

이 종은 갠지스강돌고래와 인더스강돌고래의 두 가지 주요 아종으로 구성되며, 각각은 이름처럼 갠지스강과 인더스강 주변에서 발견된다. 두 아종 모두 눈이 매우 작고 수정체가 없어서 실명 상태에 가깝다. 이들은 시력이 아니라 반향정위를 통해 길을 찾으며, 짙은 갈색, 밝은 파란색 또는 여러 회색 음영의 다양한 색상을 지닌다.

별명 "눈먼돌고래"

갠지스강돌고래

Platanista gangetica

입을 다물어도 이가 보인다

프란시스카나과 프란시스카나

다른 강돌고래가 담수 환경에서만 생활하는 것과는 달리, 프란시스카나는 남미 동부 해안을 따라 바다에서도 발견된다. 이 돌고래는 다른 강돌고래와 체형이 비슷하며 수줍음이 많고 야생에서는 거의 볼 수 없다.

프란시스카나
Pontoporia blainvillei

돌고래 중 몸통 대비 부리의 길이가 가장 길며, 부리가 전체 몸길이의 15%에 달한다

보토 *Inia geoffrensis*

위로 올라간 입꼬리 덕분에 웃는 것처럼 보인다

아마존강돌고래과 아마존강돌고래

아마존강돌고래 성체 수컷은 몸 색깔이 밝고 선명한 분홍색인 것으로 유명하다. 강돌고래 중 가장 크며, 돌고래가 강을 떠나면 사람으로 변한다는 지역 민담이 전해진다.

부리고래과 부리고래

현재 모든 고래류 중에서 가장 수수께끼 같은 존재다. 최근까지도 많은 종이 해변으로 떠밀려온 사체와 뼈를 통해서만 알려져 왔다. 고래류는 죽은 후 얼마 지나지 않아 몸의 색이 변하는 경우가 많기 때문에 많은 종의 진짜 몸 색깔은 알려져 있지 않다. 일부 부리고래는 살아 있는 상태로 발견되거나 바다에서 관찰된 적이 없으며, 앞으로 새로운 종이 발견되거나 새로운 이름이 붙여질 수 있다. 이들은 표본에 따라 부리의 크기가 다양하며 이빨 형태도 특이하다. 부리고래는 먹잇감을 찾기 위해 반향정위를 사용하며, 흡입으로도 사냥이 가능해 오징어나 다른 먹잇감을 물지 않고도 뱃속으로 빨아들인다.

가장 큰 부리고래

큰부리고래 *Berardius bairdii*

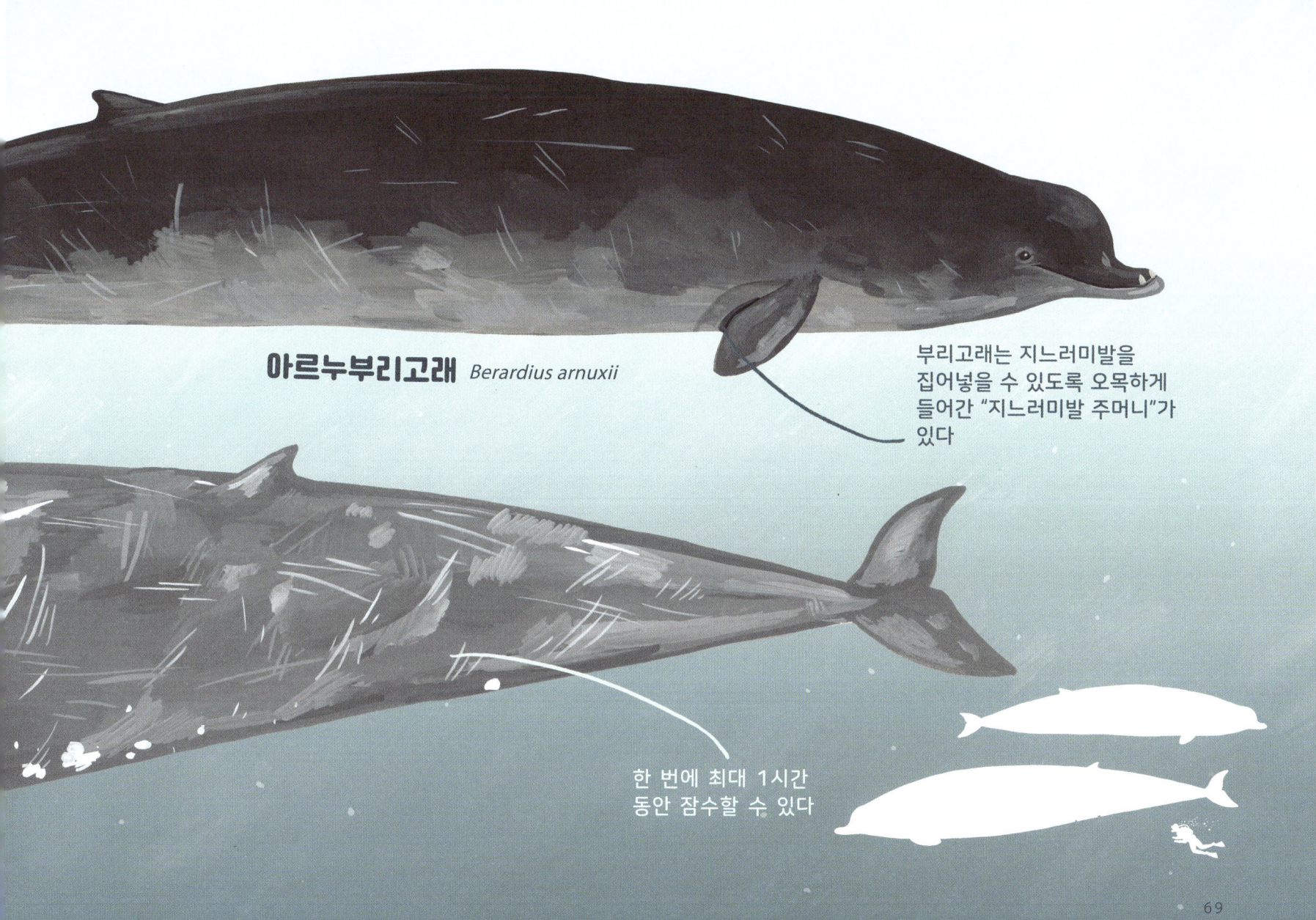

부리고래과 부리고래
계속

인도태평양 깊은 바다에서 발견

롱맨부리고래 *Indopacetus pacificus*

열대짱구고래라고도 불린다

툭 튀어나온 독특한 이마

북방짱구고래 *Hyperoodon ampullatus*

부리고래과 부리고래
계속

앤드루스부리고래 *Mesoplodon bowdoini*

특이한 모양의
휘어진 턱

야생에서는
관찰된 적이 없다

혹부리고래 *Mesoplodon densirostris*

커다란 이빨에는
따개비가 붙어 기생할
수 있다

소워비부리고래 *Mesoplodon bidens*

수컷은 돌출된 치아를 지니며, 다른 수컷과 싸우면서 생긴 상처로 몸에 흉터가 많다

허브부리고래 *Mesoplodon carlhubbsi*

부리고래과 부리고래
계속

최대 몸길이 4.2m로 부리고래 중에서 작은 편이다

헥터부리고래 *Mesoplodon hectori*

그레이부리고래 *Mesoplodon grayi*

잠수 후 수면 위로 올라오는 긴 흰색 부리로 식별할 수 있다

부리고래과 부리고래
계속

흰어깨부리고래 *Mesoplodon layardii*

돌출된 치아는 30cm까지 자랄 수 있으며 이로 인해 수컷은 입을 완전히 벌리지 못할 수 있다

겉모습이 헥터부리고래와 비슷하다

바다에서 확실하게 식별된 적이 없으며 좌초된 개체를 통해서만 알려졌다

페린부리고래 *Mesoplodon perrini*

부리고래과 부리고래
계속

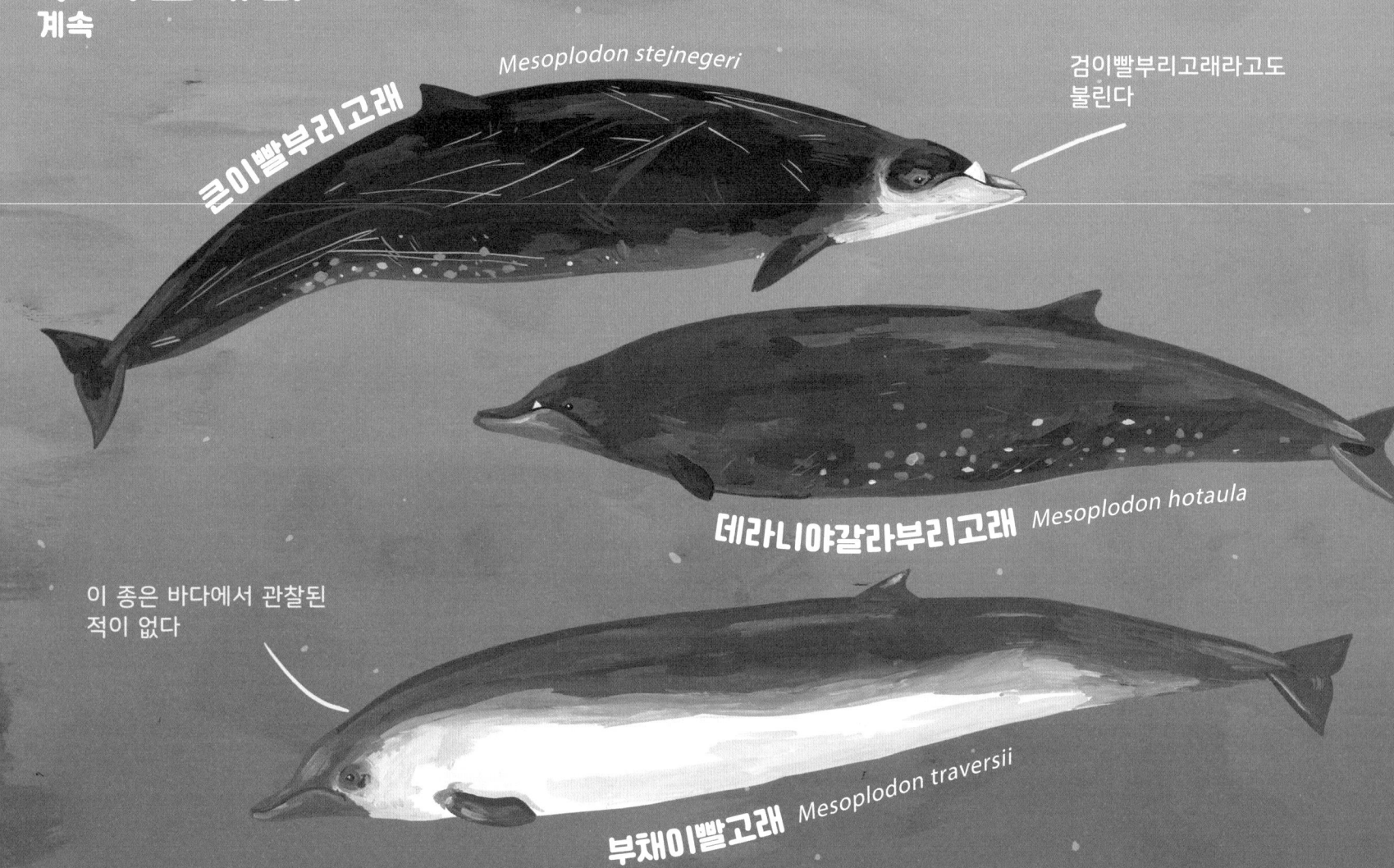

Mesoplodon stejnegeri
큰이빨부리고래
검이빨부리고래라고도 불린다

데라니야갈라부리고래 *Mesoplodon hotaula*

이 종은 바다에서 관찰된 적이 없다

부채이빨고래 *Mesoplodon traversii*

셰퍼드부리고래 Tasmacetus shepherdi

민부리고래 Ziphius cavirostris

거위부리고래라고도 불린다

고래류 중에서 가장 깊이 잠수할 수 있다

chapter three
먹이

몸집이 큰 온혈 포유동물인 고래류는 에너지 요구량이 높다. 이들은 끊임없이
움직이기 때문에 날마다 많은 칼로리를 소비하며 엄청난 양의 먹이를 필요로 한다.

고래류는 육식동물이다. 이빨고래는 물고기나 오징어, 갑각류를 잡아먹는데, 어떤 종(범고래 등)은 물범이나 바다사자와 같은 바다 포유동물이나 심지어 다른 고래류처럼 커다란 먹이를 사냥한다(범고래라는 이름이 붙게 된 이유다). 수염고래는 수염을 이용해 "먹이를 거르며", 이를 통해 아주 작은 먹이도 먹을 수 있다.

거대한 대왕고래는 주로 크릴새우라고 불리는 아주 작은 갑각류를 먹고, 몸집이 커다란 다른 수염고래 역시 매우 작은 먹이를 먹는다.

여과섭식

모든 수염고래는 여과섭식을 하지만, 사냥 방식은 종마다 다르다.

귀신고래의 식사 시간

귀신고래는 주로 작은 저생동물을 잡아먹는다. 이들은 오른쪽으로 몸을 기울인 상태에서 물 밑바닥을 따라 헤엄치면서 침전물을 빨아들이고 먹이를 걸러내며, 지나간 자리에 진흙 자국을 남긴다. 해저면에 몸을 비비며 헤엄치기 때문에 오른쪽 수염이 닳거나, 얼굴 오른쪽에 흉터가 생기기도 한다.

저생底生
해저의 생명체

어떤 귀신고래는 "왼손잡이"라서 오른쪽이 아닌 왼쪽으로 몸을 기울인 채 먹이를 먹는다

긴수염고래의 식사 시간

긴수염고래와 북극고래는 "걸어먹기"를 한다. 이들은 입을 벌린 채 물살을 가르며 앞으로 헤엄쳐 나가며, 거대한 수염을 이용해 동물 플랑크톤을 입으로 집어넣고 삼켜버린다. 북극고래의 머리는 몸길이의 3분의 1 정도이고, 수염고래 중에서 수염판이 가장 길다. 이들은 크고 강한 꼬리 덕분에 거대한 머리와 수염으로 인한 저항력에 맞서 앞으로 나아갈 수 있다.

여과섭식

긴수염고래와 마찬가지로, 고래상어, 돌묵상어, 넓은주둥이상어 역시 큰 먹이를 공격적으로 사냥하기보다는 바다에서 작은 먹이를 걸러 먹는다. 커다란 몸집과 평온해 보이는 움직임, 그리고 여과섭식이라는 특징은 이들을 진정으로 고래다운 느낌이 들게 한다
(일부 포식자 이빨고래와 비교하면 이들은 정말로 평온하다!).

동물 플랑크톤
바닷물 속을 떠다니는 작은 유기체

한 번의 잠수로 50만 칼로리에 해당하는 먹이를 먹을 수 있다

대왕고래는 날마다 크릴새우 4000만 마리를 먹는다

로퀄의 식사 시간

참고래과 고래인 로퀄은 길게 패인 주름 덕분에 목구멍을 엄청나게 크게 만들 수 있다. 로퀄은 이런 식으로 엄청난 양의 바닷물(때로는 고래 자체의 부피에 필적한다)을 머금은 다음 다시 걸러내면서 입안에 작은 먹이를 가둔다.

고래가 먹는 거대한 크릴새우 무리는 작은 갑각류들이 한데 모여 있는 것이다

크릴새우

기회주의 새

새와 고래는 같은 먹이를 먹는 경우가 많기 때문에, 고래가 사냥을 할 때면 고래 위에 바닷새가 모여드는 광경을 흔히 볼 수 있다 (혹은 잠수하는 새라면 물속 고래 표면에). 따라서 특정한 종류의 새가 보이면 그 지역에 특정 고래종이 있다는 표시가 된다. 예를 들어 지느러미발도요는 크릴새우를 좋아하는데, 해수면에 이 새의 무리가 보이면 같은 먹이를 쫓는 대왕고래가 있을 가능성이 있다.

혹등고래는 먹잇감을 혼란스럽게 하기 위해 조밀한 공기방울 그물벽을 형성한다

공기방울 그물 사냥

혹등고래는 "공기방울 그물"이라 불리는 사냥 기술로 유명하다. 이것은 사냥을 손쉽게 하기 위해 여러 마리가 협동해 물고기 떼를 한 곳에 모아 가두는 방식으로, 매우 탁월한 사냥 전략이다. 작은 물고기들은 포식자에 대한 방어 메커니즘으로 조밀하게 모이는 경우가 흔한데, 고래가 이러한 사실을 이용하는 것이다.

공기방울 그물 사냥은 고래 한 마리가 청어나 열빙어 같은 물고기 무리 주변에 공기방울을 뿜어내 벽을 만들면서 시작된다. 공기방울이 물고기를 놀라게 하고 혼란에 빠트리는 동안, 다른 고래들은 소리를 내며 서로의 움직임을 조율하고 먹잇감이 공기방울 그물 밖으로 탈출하는 것을 포기하도록 한다. 물고기들이 수면 가까이에 충분히 모이면, 고래들은 대열을 유지하면서 물 위로 뛰어오르며 사냥한다.

이빨고래가 먹는 방법

이빨고래는 먹이를 씹지 않고 통째로 삼킨다. 이들은 "이빨고래"라고 불리지만 모든 이빨고래종이 이빨이 많은 것은 아니다. 예를 들어 외뿔고래는 이빨이 엄니 하나뿐이며, 대개 수컷만 엄니가 있기 때문에 대부분의 암컷 외뿔고래는 사실상 이빨이 없는 셈이다. 많은 부리고래종 역시 수컷만 이빨이 있는데, 이들의 이빨은 먹을 때가 아니라 수컷끼리 싸울 때 사용될 가능성이 높다.

부리고래는 목구멍에 홈이 있어 입안의 압력을 낮추고 일시적으로 진공 상태를 만들어 먹이를 빨아들인다

다른 반향정위 동물
고래류와 마찬가지로 포유동물인 박쥐와, 새의 일종인 금사연도 먹이를 찾기 위해 반향정위를 사용하지만 이들의 기술은 개별적으로 진화했다.

반향정위

이빨고래는 수염고래와 구별되는 특별한 능력이 있는데, 바로 반향정위 능력이다.

이빨고래의 머리 앞부분에는 "멜론"이라는 특별한 기관이 있어 주변으로 소리를 내보낼 수 있다. 고래의 머리로 메아리가 되돌아오면, 이들은 이 정보를 해석해 길을 찾고 먹이를 사냥하는 데 사용한다.

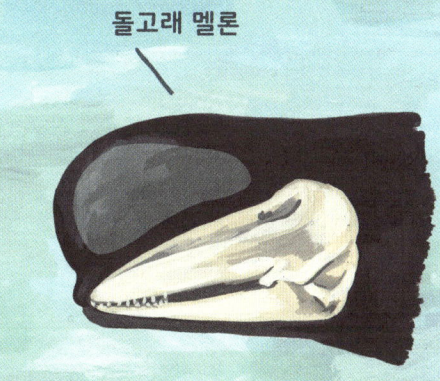

돌고래 멜론

흰고래 멜론

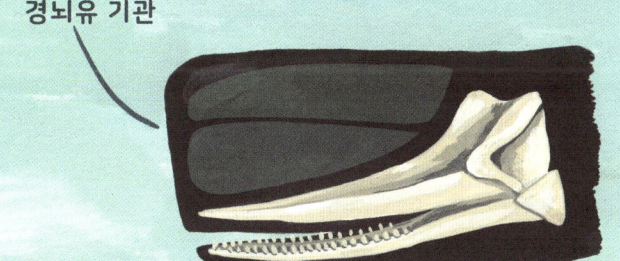

경뇌유 기관

경뇌유
향고래의 머리에는 반향정위를 위해 소리를 만드는 것을 돕는 경뇌유 기관이라는 거대한 구조가 있다. 죽은 고래의 사체에서 채취하는 경뇌유는 상업적 포경이 한창일 무렵 인기 있는 상품이었다.

구집

이빨고래는 사냥에 이상적인 형태로 물고기를 무리 짓기 위해 다양한 방법을 사용한다. 참돌고래는 정어리를 모으기 위해 혹등고래가 사용하는 공기방울 그물 사냥과 비슷한 방식으로 공기방울 그물벽을 만든다. 그 외에도 물고기를 놀라게 하고 한곳으로 몰기 위해 꼬리로 수면 내려치기, 물고기 떼를 쫓고 해변과 같은 자연 장벽에 몰아넣기, 심지어 반향정위를 이용해 물고기를 추적하는 방법도 있다.

진흙 고리
플로리다 해안에서는 큰돌고래가 자신의 꼬리를 이용해 해저의 진흙을 휘젓고 다니며 물고기 떼 주위에 "진흙 고리"를 만든다. 이로 인해 물고기들은 방향을 잃고 갇히게 되며, 진흙 고리 밖으로 빠져나가기 위해 뛰어오르려다 돌고래에게 잡아먹힌다.

전문 사냥

이빨고래는 다양한 사냥 방법을 사용한다.

범고래는 무리별로 다른 먹이를 먹는다. 어떤 무리는 물고기만 사냥하지만 또 어떤 무리는 돌고래나 물개와 같은 작은 바다 포유동물을 사냥한다. 범고래는 무리마다 사냥 전략 또한 다른데, 그 방식은 같은 무리 안에서만 대를 이어 전해지며 외부에는 알려지지 않는다. 범고래 떼는 매우 개인화되어 있어서 심지어 무리마다 고유한 언어와 다양한 소리(끽끽 소리, 딸각 소리, 휘파람 소리)를 통해 "소통"하기도 한다. 이들은 무자비해 보이는 방식(영양분이 풍부한 내장 기관 한두 개만 먹고 나머지 사체는 흘려보낸다)으로 먹이를 사냥하기 때문에 "킬러 고래"라는 별명으로 불리기도 한다. 범고래는 고래가 평화롭고 유순한 거인이라는 통념에 반하는 존재다.

외뿔고래는 입으로 먹이를 빨아들이며 사냥하지만, 최근 수컷 외뿔고래가 엄니로 먹잇감을 내리쳐 기절시킨 다음, 손쉽게 낚아채는 모습이 영상에 담겼다(예전에는 엄니의 사용이 미스터리였지만, 지금은 적어도 한 가지 용도에 대한 증거가 있다).

인간과 고래의 협력

고래는 야생에서 살아남을 수 있는 새로운 기술과 전략을 개발하고, 그 지식을 후손에 물려줄 수 있는 매우 지능적인 생물이다. 이들이 학습된 지식을 다음 세대에 전하는 방식은 인간이 지식을 공유하는 방식과 다르지 않다.

고래와 인간이 흥미로운 방식으로 협력한 한 예가 있다. 브라질 라구나에서는 탁한 물 때문에 어부들이 언제 어디에 그물을 던져야 숭어를 잡을 수 있는지 알기 어렵다. 반면 큰돌고래는 반향정위를 이용해 탁한 물속에서도 숭어의 위치를 파악할 수 있는데, 이들은 해안 쪽으로 숭어를 몰아온 다음 잠수해 숭어 떼가 가까이 있다는 사실을 사람들에게 전달하는 방법을 배웠다. 돌고래의 입장에서도 그물 투척으로 초래된 혼란을 틈타 더욱 빠르게 숭어를 사냥할 수 있다는 장점이 있다.

해면 사용
어떤 돌고래들은 먹이를 찾기 위해 해저 바닥을 뒤질 때 부리에 씌우는 뚜껑으로 해면을 사용한다. 이것은 아마도 부리가 바위 등에 긁히는 것을 막기 위해서일 것이다. 해면 사용 기술은 여러 세대에 거쳐 전수되어 온 것으로 보이며, 그 기원은 수백 년 전으로 거슬러 올라갈지도 모른다.

향고래는 수면 수백 미터 아래로 잠수할 수 있다

향고래 대 대왕오징어

수백 년 동안, 선원들 사이에서는 바닷속 깊은 곳에 거대한 촉수를 가진 바다 괴물이 살고 있다는 소문이 돌았다. 그러나 실제로는 오랫동안 공식적인 기록 없이 대부분 전설로만 남아있었는데, 광범위한 향고래 사냥 덕분에 이 거대한 바다 괴물이 존재했다는 증거가 드러났다. 포획된 향고래는 대개 커다란 원형 상처를 가지고 있었다. 인간 사냥꾼들은 향고래의 뱃속에서 신비로운 부리를 발견했는데, 이것은 새의 갈고리 부리와 비슷했지만 훨씬 더 컸다. 이 부리는 대왕오징어의 것으로 드러났다. 그들의 유일한 포식자 덕분에 밝혀진 것이었다.

거대한 오징어와 그보다 훨씬 더 큰 고래의 싸움은 지구상의 두 동물 간에 벌어진 가장 거대한 대결 중 하나이다.

결국, 몇몇 대왕오징어의 사체가 발견되면서 이들의 존재가 확인되었다. 오늘날 대왕오징어는 살아있는 상태로도 관찰되지만, 향고래와 대왕오징어 간의 한판 승부는 아직 카메라에 담긴 적이 없다.

선원들은 미소터리한 괴물을 "크라켄"이라고 불렀다

고래 낙하물

때때로 고래가 죽으면, 고래의 사체는 해저로 떨어져 "고래 낙하물"이라 불리는 독특하고 복잡한 생태계의 기반이 된다. 고래 낙하물은 너무 깊고 멀리 떨어져 있어서 1980년대가 되어서야 비로소 발견되어 연구가 이루어졌는데, 이는 실로 놀라운 과학적 발견이 아닐 수 없다. 고래 낙하물은 아직 관찰된 적 없는 종들의 요람이다. 고래가 다른 동물이나 박테리아에 의해 소화되는 방식은 가장 깊은 바다 생물들을 위한 특별한 생태계를 만들어 내며, 이는 수십 년 동안 지속될 수 있음이 밝혀졌다

다모류   거대등각류

먹장어

해삼

스쿼트 랍스터

고래 낙하물에서 볼 수 있는
다른 생물들 :

- 잠꾸러기상어
- 새우
- 게

작은 군락

고래는 기생(또는 준기생)생물 전체 개체군의 숙주가 되기도 한다.

빨판상어

작은 돌고래와 쇠돌고래도 기생생물의 표적이 된다. 조기류의 일종인 빨판상어는 모든 크기의 고래류 숙주에 부착할 수 있는 빨판 형태의 머리가 있으며, 고래는 빨판상어가 헤엄치는 동안 이들을 보호한다. 빨판상어는 상어, 바다거북, 돌고래를 비롯한 여러 덩치 큰 동물에 붙어 다닌다. 빨판상어는 숙주를 해치지 않기 때문에 엄밀히 말하면 기생생물은 아니지만, 돌고래를 성가시게 할 수 있어서 돌고래는 피부에서 빨판상어를 떼어내려 하기도 한다.

고래 이

고래 이는 고래류의 몸에 사는 작은 갑각류이다. 고래 이는 피부 주름, 상처, 그리고 이들이 머물 수 있는 모든 구멍에 침투한다. 아마도 가장 주목할 만한 것은 긴수염고래의 경결에 모인 고래 이일 것이다. 사실 경결이 흰색인 이유는 고래 이와 그 위에 사는 다른 기생생물 때문이다.

고래 이의 몸길이는 최대 2.5cm에 달한다

이렇게 생긴 따개비는 고래의 몸에서 바로 자란다

따개비

따개비는 단단한 표면에 영구적으로 부착되는 갑각류의 일종이다. 고래 따개비는 고래류의 피부에 서식하는데, 일부는 기생생물로 간주되며, 다른 일부는 무해한 것으로 여겨진다. 따개비는 고래 이가 주로 서식하는 곳이다.

chapter four
서식지

지구 표면은 70% 이상이 바다로 덮여 있다. 고래는 따뜻한 열대 바다와 진흙투성이의 민물 강에서부터 얼음으로 뒤덮인 극해까지 모든 바다에서 발견된다.

고래의 서식지가 다양하다는 사실은 이들 종이 얼마나 다양한지를 잘 드러낸다. 극심한 수압에 견딜 수 있도록 해부학적으로 적응한 심해 잠수부부터 강의 굴곡을 헤쳐나갈 수 있게 매우 유연한 몸으로 진화한 강 거주자까지, 각각의 고래종은 고유한 방식으로 주변 환경에 적응했다. 이러한 사실은 고래의 생존에 서식지가 얼마나 중요한지를 잘 드러낸다. 이 장에서는 고래가 서식하는 여러 환경 중 일부를 살펴보자.

이주

고래는 계절에 따른 이동 거리가 매우 긴 것으로 알려져 있다. 어떤 종은 다양한 요구를 충족시키는 서식지를 찾아 포유동물 중 가장 먼 거리를 이동한다. 예를 들어, 혹등고래는 새로 태어난 새끼에게 이상적인 환경인 열대 지방의 따뜻한 물에서 번식하지만, 계절에 따라 먹이가 풍부한 추운 극지방의 바다로 이동한다.

터스킹

간혹 수컷 외뿔고래가 수면 위에서 서로 엄니를 맞대는 모습이 관찰되는데, 이러한 행동은 "터스킹"이라 불린다. 과거에는 터스킹을 공격적인 행동으로 여겼지만, 최근 연구자들은 이를 우호적인 사회적 행동으로 간주한다.

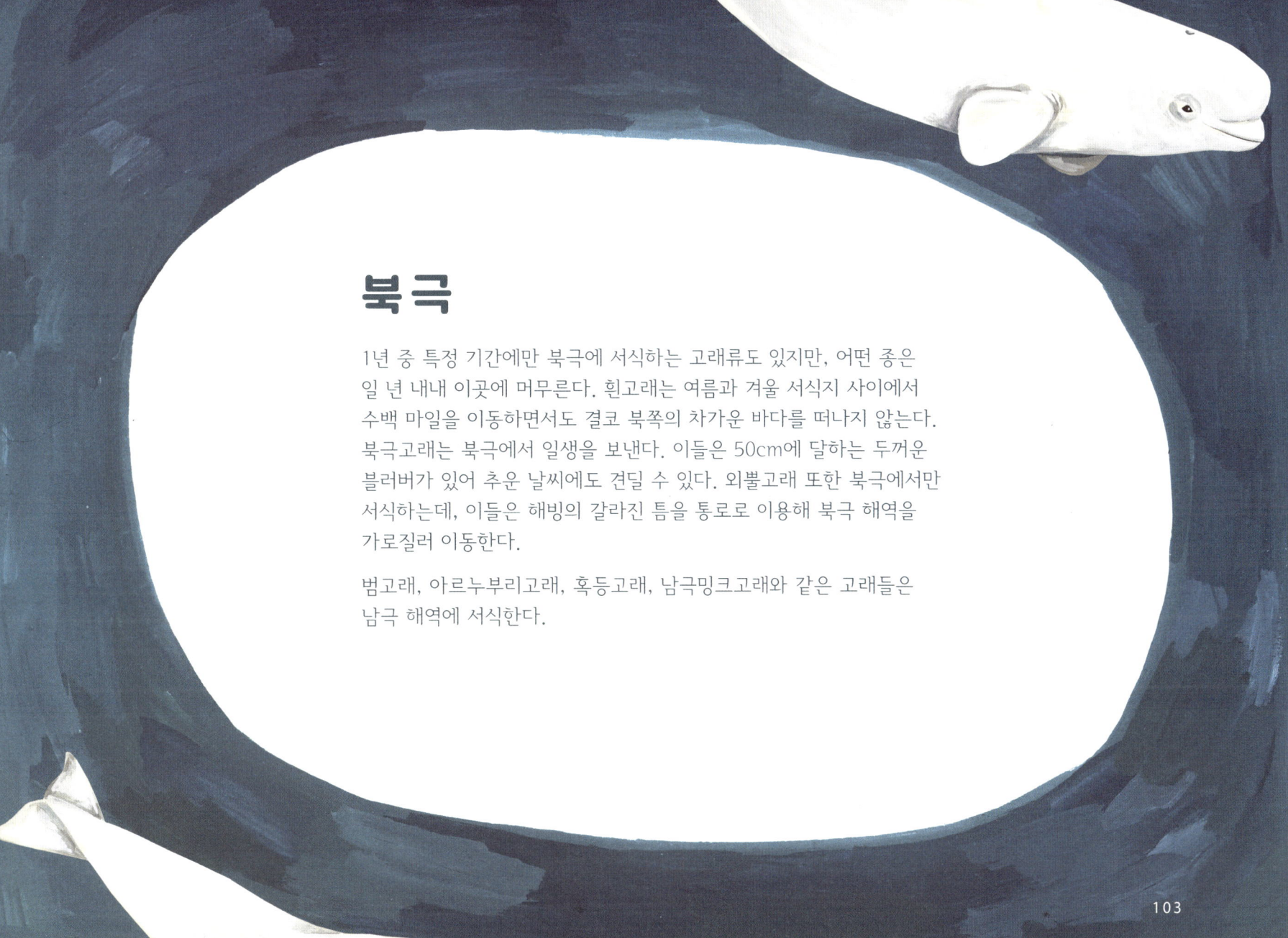

북극

1년 중 특정 기간에만 북극에 서식하는 고래류도 있지만, 어떤 종은 일 년 내내 이곳에 머무른다. 흰고래는 여름과 겨울 서식지 사이에서 수백 마일을 이동하면서도 결코 북쪽의 차가운 바다를 떠나지 않는다. 북극고래는 북극에서 일생을 보낸다. 이들은 50cm에 달하는 두꺼운 블러버가 있어 추운 날씨에도 견딜 수 있다. 외뿔고래 또한 북극에서만 서식하는데, 이들은 해빙의 갈라진 틈을 통로로 이용해 북극 해역을 가로질러 이동한다.

범고래, 아르누부리고래, 혹등고래, 남극밍크고래와 같은 고래들은 남극 해역에 서식한다.

해양 산성화

산호초가 해저에서 차지하는 비율은 1% 미만이지만 산호초에는 모든 해양 생물의 25%가 서식한다. 현재 산호초가 직면한 주요 위협은 바닷물의 산성화이다. 지구 대기의 이산화탄소 농도가 상승함에 따라 바다도 이산화탄소를 더 많이 흡수해 바닷물의 pH가 낮아지고 더욱 산성화되고 있다. 이러한 조건은 산호를 포함한 많은 유기체의 껍데기 성장을 어렵게 만든다. 우리는 여러 중요한 산호초를 잃을 위험에 처해 있다.

산호초

따뜻한 열대 해역에서 발견되는 산호초는 많은 생물에게 중요한 서식지이다. 어떤 사람들은 산호초 덕분에 살아가는 생명체의 다양성을 강조하며 산호초를 "바다의 열대우림"이라 부르기도 한다. 우리는 산호초 하면 대개 산호, 말미잘, 그리고 밝은 색 물고기와 같은 작은 생명체들을 떠올리지만, 산호초는 고래에게도 중요한 먹이 공급처이다. 많은 고래종이 세계에서 가장 큰 산호초 군락인 호주의 그레이트 배리어 리프를 찾아간다. 혹등고래는 그레이트 배리어 리프를 번식지로 이용하며, 돌고래도 산호초 군락과 그 주변에서 흔히 발견된다.

해안선

쇠돌고래는 해안선 가까이의 얕은 물을 선호하는 경향이 있어 연안 어업, 오염, 독성 물질 유출 및 선박에 더욱 취약하다. 카리스마 넘치는 큰돌고래 역시 해안선 근처에 서식한다. 해안 석호는 고래류에게도 인기 있는 지역인데, 멕시코의 산이그나시오 석호는 오랫동안 어미 귀신고래와 그 새끼들이 겨울을 보내는 보호 구역이었다. 과거에는 고래잡이들이 귀신고래가 석호에 모여드는 것을 이용해 고래를 사냥했지만, 보전 작업이 이루어지면서 최근 이곳은 고래 관찰과 생태 관광으로 더 유명해졌다.

가장 깊이 잠수하는 고래는 매우 깊은 곳까지 내려가기 때문에 높은
수압으로 폐가 쭈그러드는 상태에 적응되어 있다

오픈 오션

넓은 바다에 사는 고래류는 서식 지역의 면적이 넓고 분포 지역 또한 광대해 관찰하기 어렵다. 따라서 고래의 삶은 상당 부분 베일에 싸여 있다. 예를 들어 부리고래과에 속한 부리고래는 거의 항상 깊은 바다에 산다. 사실 부리고래는 가장 깊은 곳까지 잠수하는 동물이다. 이렇게 외진 곳에 서식하는 특성 덕분에, 부리고래는 오랫동안 인간으로부터 자신을 보호해 왔으며 포경선의 표적이 된 적이 거의 없다. 그러나 기후 변화로 인한 바다의 변화는 이들의 삶에도 영향을 미칠 것이다.

투쿠시, 갠지스강돌고래, 프란시스카나는 강과 연안 어귀에 산다.

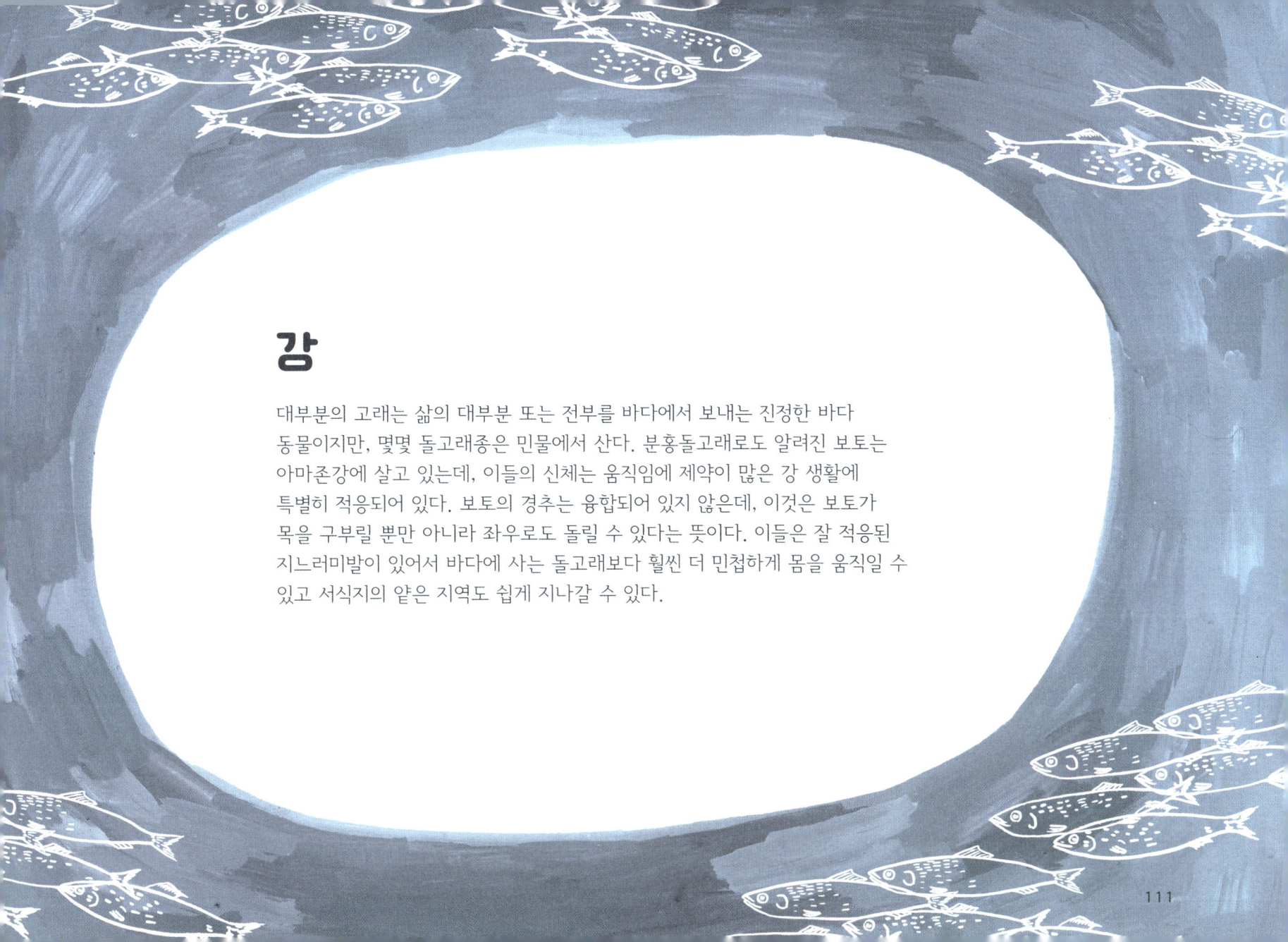

강

대부분의 고래는 삶의 대부분 또는 전부를 바다에서 보내는 진정한 바다 동물이지만, 몇몇 돌고래종은 민물에서 산다. 분홍돌고래로도 알려진 보토는 아마존강에 살고 있는데, 이들의 신체는 움직임에 제약이 많은 강 생활에 특별히 적응되어 있다. 보토의 경추는 융합되어 있지 않은데, 이것은 보토가 목을 구부릴 뿐만 아니라 좌우로도 돌릴 수 있다는 뜻이다. 이들은 잘 적응된 지느러미발이 있어서 바다에 사는 돌고래보다 훨씬 더 민첩하게 몸을 움직일 수 있고 서식지의 얕은 지역도 쉽게 지나갈 수 있다.

귀신고래 바바라를 추적한 결과,
이들은 놀랍도록 먼 거리를
이동한 것으로 나타났다

이주

일부 고래종은 1년 내내 좁은 지역 내에서만 움직이는 반면, 어떤 종은 이동 거리가 가장 긴 동물로 알려져 있다. 과학자들은 각각의 고래 개체에 맞는 추적 장치를 이용해 이들의 사진 기록을 분석함으로써 다양한 종의 이동을 연구한다. 혹등고래는 계절에 따라 먹이가 풍부한 고위도에서 새끼를 낳는 저위도로 이동하는데, 오랫동안 이들은 포유류 중 가장 멀리 이동하는 것으로 여겨졌다. 그러나 2011년 위성 표식을 장착한 바바라라는 이름의 귀신고래를 추적한 결과, 총 2만 2530km를 왕복 이동한 것으로 밝혀지면서 혹등고래의 기록이 깨졌다.

chapter five
가족, 삶, 사회

고래류는 독특하고 복잡한 사회 생활을 영위한다. 이에 대한 지식은 아직 걸음마 단계지만,
최근 몇 년 동안 인간은 정교하고 복잡하며 매혹적인 고래 사회의 내면에 대해 더 잘 알게 되었다.

인간은 자신들이 지구상의 다른 생명체보다 우월하며 이들과 분리되어 있다고 생각하는 경향이 있다. 인간은 비판적으로 사고하고, 자유 의지를 지닌 감정적 존재로, 다른 어떤 종보다 똑똑하다고 믿는 것이다. 우리 자신의 우월성에 대한 이러한 믿음은 인간 예외주의라고 불린다. 이는 일면 타당하다고 할 수 있는데, 지구 구석구석까지 인구가 폭발적으로 증가해 왔고, 우리의 행동이 지구의 모든 생명체에 지대한 영향을 미치기 때문이다. 하지만 고래의 삶을 자세히 들여다보면, 인간 예외주의는 다소 우스꽝스럽게 느껴질 것이다.

우리 삶의 익숙한 단면들은 고래의 삶에도 투영되어 있다. 고래 역시 새끼를 돌보고, 심지어 다른 종을 위해 이타적으로 보이는 행동을 하며, 새로운 사냥법을 개발해 다음 세대에 물려준다. 고래에 대해 더 많은 것을 알게 될수록 인간만이 지구상에서 유일하게 지적이고 동정심을 지닌 존재라는 생각이 잘못된 것임이 밝혀지고 있다.

짝짓기

고래류는 보통 번식기 내내 많은 파트너와 짝짓기를 한다. 어떤 종의 짝짓기는 전투적이기까지 하다. 혹등고래의 구애에는 오랜 기간 치열한 경쟁이 수반되는데, 수컷 여러 마리가 물속에서 암컷을 쫓는 과정에서 서로에게 돌진하거나 꼬리로 다른 수컷을 때리고 심지어 피를 흘리게도 한다. 때로는 경쟁이 너무 치열해져서 수컷이 죽는 경우도 생긴다. 좀 더 협조적인 종도 있다. 어떤 수컷 돌고래는 다른 수컷과 우정을 맺고, 짝짓기를 하는 동안 서로 망을 봐주면서 다른 라이벌 수컷이 그 암컷과 짝짓기를 하지 못하게 협력한다.

성적 이형성

"성적 이형성"이란 어떤 종의 수컷과 암컷의 외모가 서로 다른 것을 말한다. 이것은 대개 성적 선택, 즉 파트너의 특징에 대한 선호도 차이에 기인한다. 많은 고래가 성적 이형성을 보이는데, 예를 들어 향고래는 수컷이 암컷보다 몸무게가 세 배 더 나가고, 머리의 사각형 모양이 훨씬 더 뚜렷하다. 많은 부리고래종은 성별에 따라 턱선과 치아 구조가 다르고, 수컷 외뿔고래는 엄니가 있지만 암컷은 없다.

암컷 외뿔고래는 수컷과 달리 엄니가 없다

수컷 범고래는 등지느러미가 더 크고 더 길다

수컷 허브부리고래는 머리에 흰색 "모자"가 있고 커다란 이빨이 눈에 띈다

임신, 출산 및 유아기

고도로 발달한 여러 종처럼 고래류 역시 자궁에서 오랜 시간을 보낸다. 종에 따라 다르지만 고래류의 임신 기간은 대부분의 다른 포유동물보다 길다.

일반적으로 고래류는 한 번에 한 마리씩 새끼를 낳는다. 육지 포유동물이 보통 머리부터 새끼를 낳는 반면, 고래는 갓 태어난 새끼가 첫 호흡을 하기에 이상적인 위치를 제공하기 위해 꼬리부터 낳는다. 종에 따라, 어미나 다른 성체가 도움을 줘 새끼가 수면 위로 올라와 숨을 쉴 수 있게 한다.

모든 고래류는 새끼를 양육하며, 고래의 젖은 육지 포유동물의 젖보다 영양이 훨씬 풍부하고 지방이 많다. 또한 걸쭉하기 때문에 주변 바닷물에 희석되지 않아 새끼가 먹기에 좋다.

고래류의 새끼는 어미의 몸통 옆쪽에 올라탈 수 있어 이동 중에 쉬거나 젖을 빨 수 있다.

외뿔고래는 엄니 없이 태어나며,
어미에 비해 전반적으로 회색의
피부를 지닌다

어린 시절

새끼 고래류의 유아기는 어미가 수유하는 기간을 말하는데, 대개 1년이지만 일부 종에서는 좀 더 길어지기도 한다. 예를 들어 향고래는 수년 동안 젖을 물리는 경우도 있다. 새끼가 더 이상 어미에게 의존하지 않고 독립적으로 먹이를 먹게 되면 청소년기로 간주된다. 어떤 종은 가족을 떠나 홀로 독립하지만 어떤 종은 평생 무리과 함께 지낸다. 새로운 생명을 창조할 수 있는 성적 성숙기에 도달하면 진정한 성체로 분류된다. 성체가 되는 나이는 종에 따라 매우 다양하다.

아주 어린 향고래 새끼는 깊게 잠수할 수 없다. 하지만 어미는 자신을 몸을 유지하고 새끼에게 젖을 먹이기 위해 먹이를 찾아야 한다. 향고래 어미는 먹이를 찾기 위해 깊이 잠수하는 동안 새끼를 수면 근처에 남겨두는데, 이때 새끼는 자신을 지켜보고 보호하는 "베이비시터" 고래(친척인 암컷 성체 향고래)와 함께 있는 경우가 많다.

노래와 소리

반향정위는 고래의 사냥 전략에서도 매우 중요하지만, 많은 고래가 소통을 하기 위해 소리를 사용하기도 한다. 어떤 고래는 깊은 물속에서 소리를 내는 반면, 다른 고래는 수면 위에서 소리를 낸다. 소리는 고래의 짝짓기 행동을 증진하고, 어미와 새끼가 함께 지낼 수 있도록 도와주며, 심지어 무리 내에서 개체가 각자의 움직임을 조율하는 데 도움을 줄 수 있다.

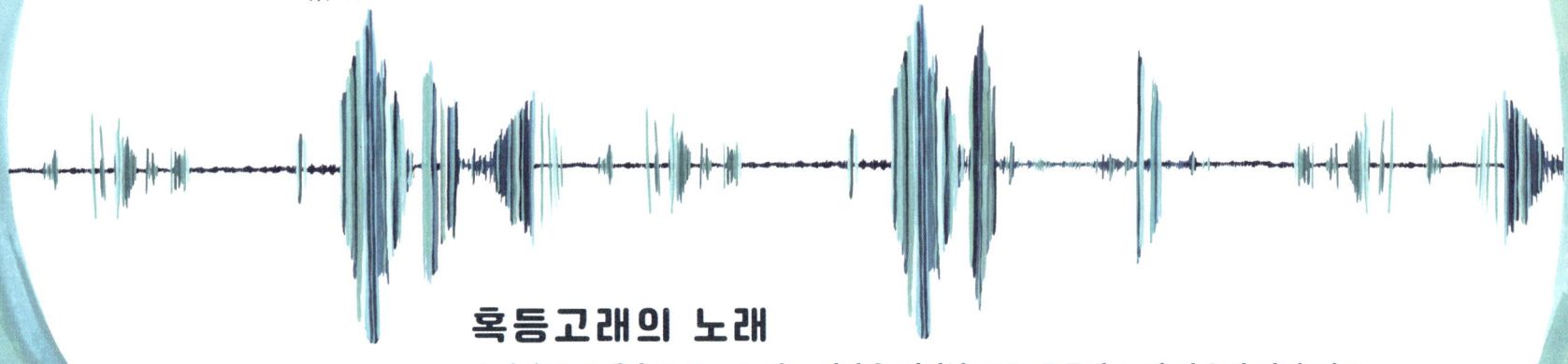

혹등고래의 노래

수컷 혹등고래가 부르는 노래는 인간을 제외한 모든 동물의 노래 가운데 가장 길고 복잡하다. 이들의 노래는 5~15개 구절의 순차적 배열로 구성되며, 최대 몇 시간 동안 반복된다. 혹등고래는 노래를 이용해 수 킬로미터 이상 떨어져 있는 고래와 의사소통을 할 수 있고, 개체군마다 노래 스타일이 다르다. 혹등고래의 노래는 구애와 짝짓기에 어떤 역할을 하는 것으로 추정되지만, 우리는 혹등고래가 왜 노래를 부르는지 아직 확실히 알지 못한다.

흰고래의 발성

가장 목소리를 많이 내는 고래류 종인 흰고래는 끽끽 소리, 휘파람 소리, 지저귀는 소리, 신음 소리, 딸깍 소리 등 다양한 소리로 의사소통을 한다. 흰고래 새끼는 어릴 때부터 소리로 소통하는 방법을 배우며 어미와 소통하기 위해 고유의 소리를 사용한다.

대왕고래의 포효

대왕고래는 어떤 동물보다도 높은 데시벨의 소리를 내며, 이는 800km 떨어진 곳에서도 들린다.

종간 상호 작용

고래류는 종간 상호 작용을 하는 모습이 자주 관찰된다. 예를 들면, 여러 다른 종의 돌고래들이 일정 기간 함께 이동하기도 한다. 특히 혹등고래는 다른 종에게 친근하게 대하는 것으로 잘 알려져 있다. 이들이 머리를 이용해 물 밖으로 큰돌고래를 들어올리며 함께 놀고, 범고래의 공격으로부터 대왕고래 새끼를 보호하는 모습이 목격되었다. 혹등고래는 고래와만 상호 작용을 하는 것이 아니라 물범이나 바다사자, 심지어 큰 물고기도 돕는 것으로 알려져 있다. 범고래의 공격을 받아 유빙에서 떨어진 웨델물범을 혹등고래가 등에 태우고 안전한 곳으로 옮기는 모습이 관찰되기도 했다.

재미와 놀이

고래류는 지구상에서 지능이 가장 높은 동물일 뿐만 아니라 장난기가 매우 많은 동물이기도 하다. 돌고래는 특히 레크리에이션 활동으로 유명한데, 해초 조각이나 다른 찌꺼기 "장난감"을 입으로 집어서 던지며 노는 경우가 많다. 또한 도넛 모양의 공기 고리인 "거품 반지"를 만들어 놀기도 한다. 한편 돌고래는 의도적으로 흥분 상태에 빠지는 몇 안 되는 동물 중 하나이기도 하다. 이들은 일부러 복어를 물어서 소량의 신경독을 방출하게 하는데, 이것이 돌고래를 무아지경에 빠뜨린다.

수면

대부분의 포유류는 의식적인 노력 없이 자동으로 호흡한다. 그러나 고래류는 물속에 살기 때문에 숨을 쉬기 위해서는 물 위로 헤엄쳐 가야 한다. 따라서 고래류의 수면은 복잡한 일이며, 종마다 수면을 취하는 방식 또한 다르다. 많은 종이 한 번에 한쪽 뇌만 잠이 드는데, 이때 반쪽은 잠을 자고 나머지 반쪽은 주변 환경을 주시하며 물 위로 올라가 호흡하라고 알려준다. 그런 다음 역할을 교대해 좀 전에 깨어 있던 반쪽이 잠든다.

향고래는 수면 시간이 매우 짧지만 해수면 몇 미터 아래에 수직으로 함께 매달리는 이 놀라운 형태로 낮잠을 자는 것이 관찰되었다

chapter six
인간

고래류와 인간 사이의 오랜 관계는 우리의 민속, 경전, 전통, 예술을 통해 잘 알려져 있다. 인간은 바다에 사는 포유류 동족에 오랫동안 매료되어 왔는데, 이러한 사실은 고래류에 긍정적인 영향과 부정적인 영향을 모두 미쳤다. 사람들은 처음에 고래를 신성한 것으로 여겼지만, 불행히도 19세기 상업적 포경 산업이 정점에 달하면서 고래는 착취의 희생양이 되었다. 다행히 20세기 중반이 되자 변화가 일어나면서 세계 여러 지역에서 고래류를 소중하고 보호할 가치가 있는 대상으로 인식하기 시작했다. 지금도 인간과 고래의 관계는 계속 발전하고 있으며, 우리의 행동은 부지불식간에 고래에게 영향을 미친다. 우리는 이 아름다운 생명체가 얼마나 특별하고 소중한지, 그리고 생존을 위해 고래가 우리에게 필요로 하는 것이 무엇인지 날마다 조금씩 더 알아가고 있지만, 인간의 시스템은 변화 속도가 느리다. 고래를 보호하기 위해서는 아직 갈 길이 멀지만, 우리는 미래를 바라보며 과거로부터 배움으로써 변화를 추구할 수 있다.

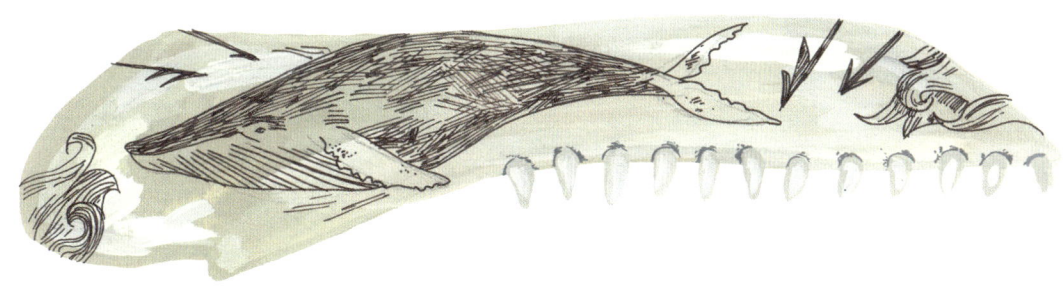

신화 속 고래류

인류의 역사를 돌이켜 볼 때, 우리는 고래의 내부 기능과 삶에 대해 막연히 추측만 할 뿐이었다. 역사를 통틀어 많은 문화권에서는 고래를 가까이서 보는 것조차 드물고 순식간에 일어나는 특별한 일이었다. 그 결과 고래는 신화와 전설의 소재가 되었지만, 우리는 고래의 존재를 인식하면서도 고래가 정확히 어떤 존재인지 알지 못했고, 이들에 대한 이해도 부족했다(고래는 바다 괴물로 오해되는 경우가 흔했다). 한편 다른 여러 문화권에서는 고래가 흔히 볼 수 있는 대상이었고 심지어 친숙한 식량원이기도 했다. 이러한 선원 문화와 해안 문화에는 대개 고래와 깊이 연관된 스토리텔링이나 신화라는 오랜 전통이 있다.

별자리

고래류는 별자리에도 등장한다. 돌고래의 라틴어 이름인 델피누스Delphinus와 신화 속 바다 괴물의 이름을 따서 명명된 케투스Cetus가 바로 그것이다. 케투스는 또한 "케타케아cetacea"라는 용어와 어원학적 뿌리를 공유하며 오늘날 별자리에서 대개 고래로 그려진다.

일부 고대 동전에도 돌고래가 새겨져 있다.

세드나
이누이트 신화에 의하면, 여신 세드나의 손가락이 잘렸는데 이들이 바다코끼리, 물범, 고래로 변했다. 태양계 바깥쪽의 한 왜소행성 후보는 여신의 이름을 따 세드나로 명명되었다.

마카라
인도 신화에서, 바다 생물 마카라는 반은 육지 동물, 반은 돌고래로 그려진다.

흐로스발루르
아이슬란드 신화에서 흐로스발루르는 말 머리와 긴 붉은 갈기를 지닌 사나운 고래였다.

나트실란
틀링깃 신화에서 사냥꾼 나트실란이 나무로 검은고래를 조각해 바다에 던졌는데, 이것이 살아있는 고래가 되었다.

바이지 공주
중국 전설에 따르면, 양쯔강돌고래인 바이지 (지금은 사실상 멸종된 것으로 간주된다)는 양쯔강에 던져진 공주가 변신한 것이다.

파이케아
마오리 전설에 따르면, 이들의 조상 파이케아는 고래를 타고 뉴질랜드로 갔다.

예술과 디자인

고래의 이빨, 뼈, 수염을 이용한 조각 세공품을 스크림쇼 scrimshaw라고 한다. 이 공예 기법은 선원들이 시간을 보낼 방법이 필요했던 포경선에서 개발되었는데, 선원들은 수중에 있는 재료를 이용해 세공품을 제작했으며 킹욱투크(1871~1941)가 개발한 전통 방식으로 고래 수염을 이용해 바구니를 만들었다. 수염을 건조시킨 후 물에 담궈 원상태로 복원하면 바구니를 만들기 좋은 끈 형태로 정교하게 자를 수 있다. 고래 뼈를 조각하는 것은 마오리 사회의 전통 문화인 타옹가의 일부이다.

1970년에는 환경운동가 로저 페인이 <혹등고래의 노래>라는 제목의 앨범을 발매했다. 이 앨범은 고래 보전의 필요성에 대한 대중의 태도를 바꾸는 데 일조한 것으로 여겨진다. 한편 고래의 노래는 우주 여행을 하기도 했다. 태양계 너머로 발사된 두 번의 보이저 탐사에서는 몇 가지 특이한 화물이 실렸는데, 그중에는 전 세계의 모든 소리와 노래를 담은 황금 레코드판도 있었다. 여기에는 천둥 소리, 사람의 목소리, 귀뚜라미 울음 소리뿐만 아니라 혹등고래의 노래도 포함되었다.

"나를 이슈미얼로 불러달라"라는 첫 문장으로도 유명한 허먼 멜빌의 소설 『모비 딕』은 포경선 선장인 에이해브가 그의 다리를 물어뜯은 흰 향고래에게 복수하려는 과정을 그리고 있다. 이야기 속의 흰 고래는 모카 딕이라고 불리던 실제 알비노 향고래에서 영감을 받았다고 전해지는데, 이 소설의 영향으로 잡힐 듯하면서도 잡히지 않는 대상을 기술할 때 "흰 고래"라는 말을 사용하게 되었다.

용연향

용연향은 일부 향고래의 소화 기관에서 형성되는 냄새 나는 밀랍 물질이다. 용연향은 오징어 부리처럼 단단하고 날카로운 물체가 고래의 내장을 통과할 때 이것을 둘러싸 내부 장기가 손상되는 것을 막는 보호 역할을 한다. 고래가 구토나 배설을 통해 용연향을 배출하면 밀랍 물질이 바다 표면으로 떠오른다.

기원이 다소 불쾌하다는 점과 갓 배출되었을 때 역한 냄새가 난다는 사실에도 불구하고, 용연향은 한때 고급 향수에 쓰이던 매우 인기 있고 값비싼 성분이었다. 용연향은 자연적으로 배출되기 때문에 고래에 해를 끼치지 않고 수확할 수 있지만, 보호종의 부산물이어서 전 세계 여러 지역에서 판매 및 사용이 불법이다. 이러한 사실과 새로운 합성 향수 성분의 출현으로 인해, 용연향은 향수 제조 산업에서 인기가 크게 떨어졌다.

용연향

오징어 부리

바다의 유니콘

중세 및 근대 유럽에서 유니콘의 뿔은 독을 탐지하고 중화하는 마력을 지닌 것으로 여겨졌기 때문에 관심의 대상이었다. 엘리자베스 1세 여왕은 이 "유니콘 뿔"을 구매한 것으로 유명한데, 사실 그것은 외뿔고래의 엄니였다. 당시 서유럽에서는 자연사학자들조차 유니콘을 신화 속 창조물이 아니라 실존하는 동물이라고 믿었다. 탐험가, 무역업자, 그리고 외뿔고래가 서식하는 지역에 살던 사람들은 고래의 엄니에 대한 해부학적 관심에 익숙했다. 하지만 외뿔고래를 본 적도 들어본 적도 없는 사람들은 이들의 엄니가 신화적 기원을 가지고 있다고 생각할 수도 있었을 것이다.

새로운 관찰

오랫동안 많은 해양 생물의 삶은 인간에게 미스터리였다. 바다는 광활하고, 고래는 인간이 쉽게 관찰할 수 없는 많은 행동을 한다. 하지만 새로운 도구와 방법이 개발되면서 고래 관찰 기술이 계속해서 발전하고 있다. 소형 원격 조종 항공기인 드론은 더 작고 조용해졌고, 고해상도 사진과 동영상을 촬영할 수 있는 기술이 개발되어 지금은 고래를 관찰하기에 매우 흥미로운 시기이다. 드론을 이용하면 고래를 거의 방해하지 않으면서도 자연서식지에서 이들을 추적하고 시각적으로 포착할 수 있다(비행기와 헬리콥터는 이러한 목적으로 사용하기에 너무 시끄럽다). 고래는 드론이 자신의 위를 나는지조차 모르는 경우도 많다.

최근 몇 년 동안, 드론 덕분에 고래류의 놀라운 행동이 포착되었다. 드론으로 촬영된 흥미로운 영상은 고래류의 삶에 대한 몇 가지 이론에 근거를 제공하는 동시에, 놀랍고 예상치 못한 행동의 증거를 밝혀냈다. 이 영상물은 해양 생물을 연구하는 과학자들에게 새롭고 훌륭한 자료가 될 뿐 아니라 육지에 있는 인간이 우리의 동족인 고래류의 삶을 엿보고 그들의 위풍당당한 모습을 감상하도록 해준다.

돌고래 대이동

돌고래들은 종종 십여 마리씩 떼를 지어 이동하지만, 간혹 여러 무리가 수 마일에 걸쳐 "대규모 무리"를 형성하기도 한다. 캘리포니아 해안 상공의 드론을 통해 수천 마리의 참돌고래가 같은 방향으로 함께 물살을 가르는 돌고래 "대이동"이 관찰되었다

외뿔고래 엄니

지난 수세기 동안 인류는 외뿔고래의 엄니가 어떤 목적을 지니는지 알지 못했다. 외뿔고래는 수컷만 엄니를 가지고 있기 때문에 짝을 찾기 위한 경쟁에서 일부 진화적 목적을 지닐 수도 있다. 그렇다면 엄니에 또다른 용도도 있을까? 최근 촬영된 드론 영상에서는, 외뿔고래가 물고기를 입으로 빨아들이기 전에 엄니로 내려쳐서 기절시키는 장면이 포착되었다. 우리가 이전에는 알지 못했던 외뿔고래 엄니의 기능이 있을 수 있다. 바로 사냥 도구이다.

돌진섭식

우리는 그동안 돌진섭식에 대해 알고는 있었지만 이러한 행동을 위에서 제대로 본 적은 없었다. 이제 드론 덕분에 크릴새우와 플랑크톤을 먹고 사는 여러 로퀄 종의 상세한 영상을 얻게 되었다.

포경

고래를 사냥하는 행위를 포경이라 한다. 수 세기 동안 많은 토착 사회에서 고래를 사냥해 왔지만, 현대의 상업적 포경이 등장한 이후 인간은 전 세계 고래류에게 엄청난 위협이 되었다.

생계형 고래잡이는 전 세계 여러 토착 사회에서 중요한 부분을 차지했다. 보전론자들은 이러한 문화가 고래류 종과 개체 수 감소라는 위기를 초래했다고 비난하기도 한다. 그러나 원주민들이 훨씬 더 오랜 시간 고래잡이를 해왔음에도 불구하고, 상업적 포경의 지속적인 해악은 원주민 집단이 가하는 어떠한 해악도 훨씬 능가한다. 상업적 포경의 규모는 너무 방대했을 뿐 아니라, 사냥한 종의 존속 위기에 대한 우려 없이 행해졌다. 국제포경위원회(IWC)는 모든 고래의 상업적 사냥을 금지하는 "상업적 포경 유예"를 발표했다. 현재 대부분의 국가에서 상업적 포경이 금지되었지만 노르웨이, 아이슬란드, 일본에서는 여전히 포경을 허용하고 있으며, 그 결과 많은 고래류 종이 멸종 위기에 처해 있다.

IWC는 일부 국가의 토착 집단에 의한 고래잡이를 규제하며, 대부분의 국가에서 고래잡이는 생계를 목적으로 하는 원주민에게만 허용된다.

어류 또는 포유류?

오늘날 우리는 고래류가 포유류의 친척이라는 사실을 알고 있다. 그러나 얼마 전까지만 해도 고래가 포유류인지 혹은 어류인지에 대해 격렬한 논쟁이 있었다. 1818년, 고래 기름 규제에 대한 재판에서는 바다에 살고 발이 없는 고래는 물고기라는 판결을 내렸다. 과학자들은 오랫동안 고래를 포유류로 생각했지만 일반인들은 이 사실을 완전히 이해하지 못했다. 우리의 동족인 고래류에게서 우리 자신의 모습을 보려 하지 않는 것은 아마도 이들을 경제적 자원으로 이용하려는 인간의 탐욕 때문일 것이다.

수염과 기름

상업적 포경이 한창이던 시절, 사람들은 다양한 용도로 고래의 수염을 사용했다. 당시에는 고래수염을 "고래뼈"라고 불렀는데, 플라스틱이 등장하기 전 포경업자들은 고래 고기나 고래기름과 마찬가지로 유연하고 강한 고래수염 역시 수익성 있는 상품이 될 수 있다는 사실을 발견했다. 오랫동안 원주민들은 바구니 세공과 같은 전통적인 용도로 수염을 이용했지만, 상업적 포경이 성장함에 따라 수염 역시 상업적으로 쓰이기 시작했다.

고래의 기억

어떤 고래는 포경 산업이 한창일 때부터 지금까지도 살아있을 만큼 나이가 많다. 예를 들어 북극고래는 200년 이상 살 수 있어서, 고래잡이가 자신들을 사냥하던 시절을 기억할 수도 있다.

아직 포경 중

IWC 소위원회는 고래의 종별로 포획 할당량을 지정함으로써, 원주민의 생계형 포경을 감독한다.

포경에서 고래 관찰까지

오늘날 고래를 찾는 배는 고래 관찰을 목적으로 하는 경우가 더 많다. 만약 당신이 고래 관찰 여행을 할 기회가 있다면 자연의 거인을 가까이에서 직접 볼 수 있을지도 모른다. 이를 위해서는 사전 조사를 통해 신뢰할 수 있는 기관을 찾아보자. 선장은 당신과 고래 모두에게 안전한 거리를 유지하는 방법을 알고 있어야 한다. 또한 관찰 시간 동안 어떤 고래종인지 파악하고 정보를 제공할 수 있는 전문가와 동승하는 것도 좋다.

고래, 돌고래, 쇠돌고래는 전 세계 바다에 서식하기 때문에 고래를 관찰하는 것은 거의 모든 바다에서 가능하다. 고래를 관찰하기에 가장 좋은 시기는 당신의 현재 위치와 그 지역 고래의 이동 주기에 따라 다르다. 특히 흥미로운 고래 관찰 장소로는 멸종 위기에 처한 북대서양긴수염고래와 같은 여러 고래종들이 모여드는 캐나다의 펀디만, 대왕고래가 기록적인 장거리 여행 끝에 도착하는 멕시코의 바하 캘리포니아, 그리고 좀처럼 눈에 띄지 않는 외뿔고래를 비롯한 여러 고래류가 서식하는 그린란드 디스코만이 있다.

고래 관찰 장비

고래를 관찰하러 갈 때는 다음 물품을 챙겨가는 걸 잊지 말자.

쌍안경
쌍안경을 이용하면 가까운 거리에서도 고래를 더 자세히 볼 수 있다.

방수가방, 윈드브레이커/우비
보트 여행에서는 물에 젖을 수 있다. 자신을 보호하기 위해 방수 의복을 입고, 고무 밑창이 있는 신발을 신어서 미끄러운 보트 갑판에서 넘어지지 않도록 한다.

모자와 선글라스
탁 트인 바다에는 그늘이 없으므로 태양으로부터 자신을 보호하기 위해 추가 예방 조치를 취하는 것이 바람직하다. 편광 선글라스는 눈부심 감소에도 도움이 되므로 이를 이용해 고래를 더 쉽게 발견할 수 있다.

가장 취약한 종

바키타

바이지가 멸종된 후, 바키타는 가장 희귀한 고래라는 타이틀을 얻었다. 그러나 오늘날 가장 작은 고래류 종이기도 한 바키타 역시 멸종 위기에 처해 있다. 이들의 개체수는 2014년에 100마리 안팎으로 줄었고, 2017년 현재 30마리 정도로 현저하게 감소했다. 멕시코 캘리포니아만의 고유종인 바키타에게 주된 위협 요인은 불법 어업이다. 이 작은 쇠돌고래에게 심각한 위협이 되는 자망어업은 2017년 멕시코 정부에 의해 영구 금지되었지만, 바키타의 수가 이미 위험할 정도로 적기 때문에, 일부 보전론자들은 이 종을 구하기에 너무 늦었다고 걱정한다.

바이지

현대에 와서, 얼마 전까지만 해도 멸종된 고래류는 없었다. 그러나 2006년, 바이지(양쯔강돌고래라고도 하며 양쯔강돌고래과의 유일한 종이다)를 찾기 위해 과학자들이 6주 동안 탐사 활동을 벌였지만 한 마리도 발견하지 못한 이후, 바이지는 사실상 멸종된 것으로 선언되었다. 바이지는 이후로도 전혀 목격되지 않았으며 영원히 사라졌을 가능성이 매우 크다.

바이지가 멸종된 주 원인은 서식지 환경의 산업화였다. 배가 양쯔강을 가득 채우면서 강물은 화학 물질뿐 아니라 소음에 의해서도 오염되었다. 소리에 의존해 길을 찾고 동료와 의사소통하는 바이지에게 이것은 생존에 치명적인 상황이었다.

그 외 취약종

위급종인 바키타 외에도, 국제자연보전연맹(IUCN)은 7종의 고래, 즉, 대왕고래, 참고래, 보리고래, 북대서양긴수염고래, 북방긴수염고래, 갠지스강돌고래, 헥터돌고래를 위기종으로 분류하고 있다. 몇몇 다른 종들은 "준위협종"으로 분류되는데, 이는 가까운 미래에 멸종 위기에 처할 위험이 있다는 의미이다.

포경은 대부분의 나라에서 금지되어 있지만, 그 외에도 전 세계 고래류에 대한 심각한 위협 요인이 많이 있다.

어획 관행도 그중 하나인데, 고래가 의도치 않게 그물에 잡히는 경우도 있기 때문이다. 대형 선박과의 충돌은 고래류를 죽일 수 있으며, 기름 유출과 기타 독성 오염은 모든 해양 동물의 건강을 위협한다. 고래류가 자주 나타나는 지역에서 인간의 과잉 소비와 인구 과잉 또한 고래의 건강과 안전을 위협할 수 있다. 인간의 활동은 고래, 돌고래 및 쇠돌고래가 충분한 개체군을 유지하는 데 필요한 해양 지역을 계속해서 잠식하고 있다. 선박에서 발생하는 소음 역시 반향정위에 의존하는 종에게 위협이 된다.

아마도 가장 위협적이고 예측하기 어려운 것은 인간이 초래한 기후 변화일 것이다. 해수 온도 상승은 많은 고래류가 살고 있는 극지 서식지의 생태 변화를 의미한다. 대기 중 이산화탄소 수치 상승의 결과로 야기된 해양 산성화는 서식지 황폐화를 초래하며 많은 고래류의 먹이 공급원을 고갈시킬 가능성이 있다.

포획된 고래류

대부분의 고래류는 사육하기가 쉽지 않다. 범고래, 흰고래, 큰돌고래를 포함한 몇몇 종이 현재 전 세계 동물원과 수족관, 테마파크, 구조 시설 등에서 사육되고 있지만, 이들이 건강하게 살기 위해서는 장거리 수영과 깊은 잠수를 할 수 있는 자유가 필요하다. 특히 인간의 즐거움을 목적으로 고래류를 가두는 것에 대한 대중의 태도가 변화하고 있다. 부상당했거나 아프기 때문에 구조 시설에서만 생존할 수 있는 소수의 개체를 제외하면, 현명하고 복잡한 생물인 고래류는 살아가고 번성하기 위해 야생 공간이 필요하며 그러한 공간을 누릴 자격이 충분하다.

결론

지난 수백 년 동안 많은 고래류 종이 멸종 위기에 처했지만 그게 위험의 전부는 아니다. 우리는 고래가 직면한 도전이 인간에 의해 좌우된다는 사실을 깨닫게 되었고, 그들을 도울 수 있는 방법에 대해서도 더 많이 알게 되었다. 상업적 포경이 성행하는 동안 멸종 직전의 상태로 내몰린 많은 종들은 포경 제한과 서식지 보호와 같은 보전 노력 덕분에 믿을 수 없을 정도로 개체 수가 회복되었다. 인간은 고래류를 영구적인 파멸로 몰아넣을 수 있지만, 이들을 보호할 수도 있다. 지구는 우리 모두의 안식처다. 만약 우리가 바닷속 동족을 기억하고 전 세계 바다에서 그들의 삶을 존중하는 법을 배울 수 있다면, 고래류는 다음 세대 또 그다음 세대에도 살아남아 번성할 수 있을 것이다.

고래를 돕는 방법

나는 이 책을 통해 여러분이 우리의 장엄한 동족인 고래류를 제대로 인식하게 되었길 바란다. 만약 이들을 위해 무언가를 바꾸고 싶다면 여러분이 할 수 있는 일이 몇 가지 있다.

최신 정보 유지
@paulnicklen, @joelsartore와 같은 야생동물 사진작가 인스타그램 계정을 팔로우하여 새로운 보전 관련 소식을 확인하고 해양 야생동물의 친밀한 사진을 여러분의 일상에 추가한다.

정보에 근거한 음식 선택
보전 활동은 쉽지 않으며 우리가 항상 이를 우선순위에 넣을 수 있는 것은 아니다. 여러분이 다행히 자신의 습관을 점검하고 바꿀 수 있는 여력과 시간이 있다면 음식부터 시작하는 것이 좋을 것이다. 만약 해산물을 먹는다면, 그것이 어디에서 왔는지 알아보고 지속 가능한 선택지의 상품을 고르도록 한다. 당신이 음식을 사는 가게와 식당에 물어보자. 몬테레이만 수족관은 미국 전역을 대상으로 가장 바다 친화적인 해산물과 피해야 할 해산물을 식별하는 데 도움이 되는 무료 해산물 감시 목록을 발행한다.

목소리 내기
말과 글을 통해 보전이 중요하다는 사실을 정부에 알리자. 여러분이 해양 보호 구역 근처 해안가에 살든, 바다에서 멀리 떨어진 내륙에 살든, 여러분의 삶과 여러분의 공동체는 전 세계 바다에 영향을 미친다. 육지와 바다의 자연 보호에 대한 지지를 표명하자.

기부하기
만약 가능하다면, 멸종 위기에 처한 고래류를 위해 활동하는 세계자연기금이나 미션 블루와 같은 보전 프로젝트에 재정적으로 기여하는 것을 고려해보자. 지역 학교나 과학 프로그램에 기부한다면, 더 많은 아이들이 과학, 보전, 자연에 대해 배우고 더욱 책임감 있는 세대로 성장할 수 있는 기회를 누릴 것이다.

포기하지 말기
환경보호에 대해 싫증이 나거나 패배감을 느끼기 쉽지만, 싸움을 포기하지 말자. 인류 역사와 자연사 모두에서 중요한 이 시기는 스스로 도울 수 없는 존재들을 돕기 위해 우리가 할 수 있는 것을 해야 할 때이다.

참고 문헌

책

Alexander, Becky, ed. *Smithsonian Natural History: The Ultimate Visual Guide to Everything on Earth*. New York: DK Publishing, 2010.

The Animal Book: A Visual Encyclopedia of Life on Earth. New York: DK Children, 2013.

Berta, Annalisa. *Whales, Dolphins, & Porpoises: A Natural History and Species Guide*. Chicago: University of Chicago Press, 2015.

Burnett, D. Graham. *The Sounding of the Whale: Science and Cetaceans in the Twentieth Century*. Chicago: The University of Chicago Press, 2012.

Carwardine, Mark, and Martin Camm. *Whales, Dolphins and Porpoises*. New York: DK Publishing, 2002.

Carwardine, Mark, R. Ewan Fordyce, Peter Gill, and Erich Hoyt. *Whales, Dolphins, & Porpoises*. San Francisco: Fog City Press, 1998.

Kolbert, Elizabeth. *The Sixth Extinction: An Unnatural History*. London: Bloomsbury, 2015.

Stewart, Brent S., Phillip J. Clapham, and James A. Powell. *National Audubon Society Field Guide to Marine Mammals of the World*. New York: A.A. Knopf, 2002.

다큐멘터리

"Beach Babies." *Baby Animals in the Wild*. National Geographic. 2015.

"Blue Whale." *Last Chance to See*. BBC Two. 2009.

"Cape." *Africa*. BBC Natural History Unit. 2013.

David Attenborough's Natural Curiosities. BBC Worldwide. 2013.

Dolphins: Spy in the Pod. BBC One. 2014.

Humpback Whales. Directed by Greg MacGillivray. 2015.

Jane & Payne. Netflix. 2016.

Nature's Great Events. BBC One. 2009.

Ocean Giants. BBC One. 2011.

웹사이트

American Museum of Natural History. www.amnh.org.

California Academy of Sciences. www.calacademy.org.

The Field Museum. www.fieldmuseum.org.

National Geographic. www.nationalgeographic.com.

감사의 말

이 책을 만드는 데 전문적 지도를 제공하고 아낌없이 지원해준 편집자 케이틀린 케첨과 디자이너 벳시 스트롬버그에게 감사의 인사를 전한다. 그들 없이는 이 책을 낼 수 없었을 것이다. 텐 스피드 프레스 제작 담당 제인 친, 홍보 담당 나탈리 멀포드, 디자인 담당 크리스틴 이네스, 발행인 아론 웨너에게도 감사드린다. 캘리포니아 과학 아카데미의 모린 플래너리에게 심심한 사의를 표한다. 그리고 내 절친인 닉, 부모님 제프와 줄리 오세이드, 그리고 대니와 올리비아에게도 언제나처럼 감사드린다.

저자 소개

켈시 오세이드는 미국 중서부에 거주하는 작가이자 일러스트레이터이다. 과학과 자연, 그리고 인간이 자연 세계와 관계를 맺는 방식에 관한 작품을 쓰는 그녀는 남편 닉 보이치악, 고양이 두 마리, 닭 두 마리와 함께 미니애폴리스에 살고 있다.

색인

ㄱ
강, 66-67
갠지스강돌고래, 66, 88, 110, 144
검이빨부리고래, 78
경결, 5
고래 관찰, 140-41
고래 낙하물, 96-97
고래 이, 98
고래상어, 20, 83
고양이고래, 57
고추돌고래, 51, 53
공기방울 그물 사냥, 86-87
구집, 90
국제포경위원회(IWC), 138, 139
귀신고래, 3, 8, 9, 44-45, 82, 107, 112, 113, 124, 140
귀신고래과, 44-45
그람푸스, 58
그레이부리고래, 74
기각류, 23
기생충, 98- 99
기억력, 139
기후 변화, 104, 144
긴부리돌고래, 49
긴부리참돌고래, 46
긴수염고래, 3, 25, 33-35, 83, 140, 144
긴수염고래과, 32-35
긴지느러미들쇠고래, 56
까치돌고래, 62
꼬리, 4, 9, 43

ㄴ
꼬마긴수염고래, 25, 28, 35
꼬마긴수염고래과, 35
꼬마부리고래, 77
꼬마향고래, 64, 65
꼬마향고래과, 65

ㄴ
나실레인, 131
남극밍크고래, 39, 103
남방고추돌고래, 51
남방긴수염고래, 33
남방짱구고래, 71
남방큰돌고래, 50
남아메리카강돌고래, 67
낫돌고래, 54
넓은주둥이상어, 83
노래와 소리, 122-23, 132

ㄷ
대서양낫돌고래, 58
대서양점박이돌고래, 48
대왕고래, 3, 8, 9, 20-21, 28, 36-37, 79, 84, 123, 144
대왕오징어, 21, 94-95
대이동, 137
더스키돌고래, 54
데라니야갈라부리고래, 78
델피누스, 130
도루돈, 16, 19
돌고래 분류, 3
돌묵상어, 83
돌진섭식, 137
동물 플랑크톤, 83
드론, 136-37

ㄷ
들고양이고래, 57
들쇠고래, 11, 56-57
들쇠고래, 57
등지느러미, 4
따개비, 99

ㄹ
로퀄, 36-43, 84, 137
롱맨부리고래, 70

ㅁ
마카라, 131
멜론, 4, 89
멜빌, 허먼, 132
멸종위기종, 29, 142-44, 149
모래시계돌고래, 55
모비 딕, 132
무리, 2
민부리고래, 12, 79
밍크고래, 3, 38

ㅂ
바다 돌고래, 46-59
바실로사우루스, 16, 17, 19
바지, 131, 142, 143
바키타, 13, 28, 62, 142
반향정위, 29, 89, 92, 144
뱀머리돌고래, 47
버마이스터돌고래, 12, 62
범고래, 12, 56, 59, 79, 92, 103, 117, 124, 133
별자리, 130
보리고래, 36, 38-39, 144
보전, 29, 36, 132, 147, 149

보토, 67, 111
보토과, 67
부리, 4
부리고래, 3, 24, 68-79, 88, 109, 116
부리고래과, 68-79, 109
부채이빨고래, 78
북극고래, 3, 8, 12, 32-33, 83, 103, 139
북극곰, 23
북대서양긴수염고래, 35, 140, 144
북방긴수염고래, 29, 34, 144
북방짱구고래, 70-71
분수공, 4, 5
브라이드고래, 3, 40-41
블러버, 5
빨판상어, 98

ㅅ
사냥 행태, 81, 86-93
사운딩, 9
산호초, 104-5
상괭이, 63
새, 85
샛돌고래, 51
서식지, 101-11
성적 이형성, 116-17
세계자연보전연맹(IUCN), 144
세드나, 131
셰퍼드부리고래, 79
소워비부리고래, 73
쇠돌고래, 3, 62-63, 107
쇠돌고래, 63
쇠돌고래과, 62-63

쇠향고래, 64, 65
수면 행동, 6-7
수면, 126-27
수염, 5, 29, 139
수염고래, 2, 28, 29
숨기둥, 8
스크림쇼, 132-33
스플래시가드, 5
신화, 130-31
심압대, 5

ㅇ

아르누부리고래, 68-69, 103
아시아강돌고래과, 66
안경돌고래, 63
암불로케투스, 18
앤드루스부리고래, 72
얼, 실비아, 1
여과섭식, 81-85
열대짱구고래, 71
예술과 디자인, 132-33
오무라고래, 41
와디 알 히탄, 16
외뿔고래, 61, 88, 92, 102, 103, 116, 117, 120, 135, 137, 140
외뿔고래과, 60-61
용어, 2-3
용연향, 134
우제류, 27
유니콘, 135
유아기, 119
은행이빨부리고래, 75
음식 선택, 148
이라와디돌고래, 58

이빨고래, 2, 28, 29, 88, 91
이주, 101, 112-13
인간 예외주의, 115
인간과 고래류의 관계, 1, 92, 129, 144, 147
인도태평양혹등돌고래, 47
인도히우스, 18
임신, 118

ㅈ

점박이돌고래, 48
제르베부리고래, 75
종간 상호 작용, 124
좌초, 11
줄박이돌고래, 49
지느러미발, 4, 26
지느러미발도요, 85
지리적 분포, 12-13
진화, 15-19, 24-27
진흙 고리, 91
짝짓기, 116
짧은부리참돌고래, 46
짱구고래, 9, 70-71

ㅊ

참고래, 3, 36-37, 144
참고래과, 36-43, 84
참돌고래과, 29, 46-59
청소년기, 120-21
출산, 119
칠레돌고래, 52

ㅋ

커머슨돌고래, 52

케투스, 130
쿠트키케투스, 19
크기, 20-21
크릴새우, 81, 85
큰돌고래, 50, 91, 92, 107, 124
큰머리돌고래, 53, 58
큰부리고래, 68-69
큰이빨부리고래, 78
클리메네돌고래, 49

ㅌ

터스킹, 102
투쿠시, 47, 110
트루부리고래, 77

ㅍ

파이케아, 131
파키케투스, 18
펄돌고래, 55
페린부리고래, 76
페인, 로저, 132
포경, 32, 64, 89, 129, 138-39, 147
포획, 145
프란시스카나, 110
프란시스카나, 67
프란시스카나과, 67

ㅎ

하악, 5
해달, 22
해면 사용, 93
해변 문지르기, 10
해부학, 4-5, 26

해양 산성화, 104, 144
해양 포유류, 22-23
해우류, 22
향고래, 3, 8, 20-21, 28, 64-65, 89, 94-95, 116, 120, 121, 127, 133, 134
향고래과, 64
허브부리고래, 73, 117
헤비사이드돌고래, 53
헥터돌고래, 53, 144
헥터부리고래, 74
혹등고래, 3, 8, 13, 36, 42-43, 86-87, 101, 103, 105, 113, 116, 122, 124, 132
혹부리고래, 72
호로스발루르, 131
흑범고래, 56
흰고래, 10, 60, 89, 103, 123
흰부리돌고래, 58
흰어깨부리고래, 76

WHALES: An Illustrated Celebration by Kelsey Oseid

Copyright © 2018 by Kelsey Oseid Wojciak.

All rights reserved
This Korean edition was published by SoWooJoo in 2022 by arrangement with
Ten Speed Press, an imprint of the Crown Publishing Group, a division of Penguin
Random House LLC through KCC(Korea Copyright Center Inc.), Seoul.

이 책은 (주)한국저작권센터(KCC)를 통한 저작권자와의 독점계약으로 소우주에서 출간되었습니다.
저작권법에 의해 한국 내에서 보호를 받는 저작물이므로 무단전재와 복제를 금합니다.

그림으로 보는 고래의 모든 것

초판 1쇄 발행 2022년 9월 5일

지은이 켈시 오세이드
옮긴이 장정문
펴낸이 김성현
펴낸곳 소우주출판사
등록 2016년 12월 27일 제563-2016-000092호
주소 경기도 용인시 기흥구 보정로 30
전화 010-2508-1532
이메일 sowoojoopub@naver.com

ISBN   979-11-89895-05-1

값   18,000원

※ 잘못된 책은 구입하신 곳에서 교환해드립니다.